Third Edition, 2017

ICAO Doc 9849

Global Navigation Satellite System (GNSS) Manual

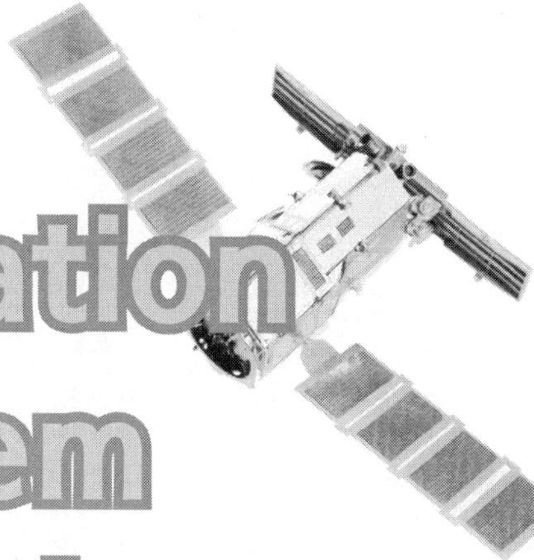

김완현 번역

도서출판 진영사

Global Navigation Satellite System(GNSS) Manual

김완현 번역

2022년 08월 24일 초판 인쇄
2022년 08월 24일 초판 발행
발행인 박 진 영
발행처 도서출판 진영사
인천광역시 부평구 주부토로 236번지 인천테크노밸리 U1 지식산업센터 B동 1507호
전화 : 032)505-4207
팩스 : 032)505-4206
E-mail : 0183734207@hanmail.net
신고번호 : 제2007-000001호

ISBN 978-89-6541-575-6 93550
값 17,000원

머리말

본 자료는 급속히 발전하는 국제민간항공기구(ICAO)의 위성항법 관련 제반 정책을 비롯해 국제 기술 기준 및 미래 발전 방향을 보다 신속하고 편리하게 전달하기 위한 목적으로 번역되었습니다. 특히, 본 위성항법분야는 항공기 안전운항에 직접적인 영향을 미치는 특수한 전문분야로써 시중에 공표된 자료에만 참고하기에는 다소 부족한 점이 있다고 사료됨으로서, 이에 대한 대응 방안을 위해서는 무엇보다 국제민간항공기구의 위성항법정책에 대한 전반적인 지식을 상세하게 전달하는 방법만이 가장 효과적이고 이상적이라 사료되었습니다.

이와 같은 관점에서, 본 자료를 근거로 확인된 국제민간항공기구(ICAO)의 위성항법 관련 정책 방향 중 가장 핵심적인 과제는 외부 간섭 요인인 무선전파간섭(RFI)에 의한 GPS신호 영향(Impact) 문제로써, 이에 대한 대응 방안은 기존 재래식 지상 항법시스템에 의존할 수 밖에 없음이 명시되어 있는 것으로 확인 되었습니다. 따라서 기존 재래식 시스템에도 의존하지 않고 완전한 무선전파 간섭(RFI)에 대응할 수 있는 유일한 방법은 현재의 6개 궤도상에서 24개 위성에 의존하는 핵심 위성군(Core Constellation)보다도 몇 배 더 많은 다중(Multiple) 핵심 위성군이 우주 공간에 배치되어야만 할 뿐만 아니라, 기존 단일 위성주파수 또한 다중주파수(Multiple Frequncies)를 통해 운영되어야만 가능한 것으로 확인되었습니다. 그러나 이와 같은 다중 핵심 위성군 및 다중 주파수 관련 시스템이 정식 구축되어 운영이 현실화 될 수 있는 시점과 관련해 국제민간항공기구에서는 현재로서는 향후 수 십년 이후까지도 전혀 예측할 수가 없다는 데 방점이 있습니다.

이와 같은 위성항법시스템의 취약성에 따른 항공기 항행안전운항을 지속적으로 보장하기 위해서는 항로 구간을 비롯해 접근/도착 및 활주로 착륙구간 등에 따라 우선순위를 정하여 운영하는 데 있습니다. 즉, 고고도상에서 보다 자유롭게 항공기 비행이 이루어지는 항로(En-Route) 구간과 출발(Departure) 구간에서는 가능한 위성항법 절차를 적용하여 운영하고, 그리고 도착(Approach) 구간에서는 기존 전방향표지시설(VOR/DME)을 적용하여 운영하며, 마지막으로, 항공기가 활주로로 착륙(Landing)하는 구간에서는 현재와 같이 앞으로도 계속해서 계기착륙시설(ILS)에 절대적으로 의존하여 운영하는 것이 가장 이상적이라 사료됩니다.

본 자료를 활용하여 효율적이고 이상적인 위성항법절차 운영에 도움이 되길 기원합니다.

2022년 7월

번역자 김완현 올림

주요 요약[Executive Summary]

항공 산업이 성장함에 따라, 연료 소모나 배기가스 또는 지연 등을 줄이기 위한 긴급한 필요성이 대두되었으며, 이러한 것들은 각각의 관계자들에게 (항로나 고도 같은) 선호되는 하늘 길을 제공하는 것뿐만 아니라, 공역과 공항 수용 능력의 향상을 요구하고 있다. 결과적으로 이것은 항공통신(Communication), 항법(Navigation) 그리고 감시(Surveillance)라는 CNS 서비스의 개선을 수반하게 한다. 항공기를 운영하는 측에서는 최저치(minima)를 최대한 낮추고, 직진입 접근 절차(Straight-in Approach)를 통해서 안정성을 확보하고, 수직정보(Vertical Guidance)를 제공하는 접근절차들을 통해서 효율성을 얻으려 할 것이다.

GANP(Global Air Navigation Plan [Doc 9750], 이하 "세계 항행계획") 제 5판에서는 ICAO의 항공 산업 분야별 업그레이드 방안(Aviation System Block Upgrade, 이하 ASBU)에 대해서 매우 높은 수준(High-Level)의 요약 내용을 제공하고 있다. 항공 산업 분야별 업그레이드 방안들(ASBUs)은 네 개의 항공 산업 성능 영역과 관련된 특정한 운영상의 목적들을 정의하고 있는데, 그것은 각각, 공항 운영 분야 ; 전 세계적으로 상호 호환 가능한 시스템과 데이터 ; 최적화된 수용능력과 유연성 있는 항공편수 운영 ; 그리고 효율적인 항로 설정 등, 이렇게 네 가지이다. 세계 항행계획(GANP)와 ASBU는 GNSS(Global Navigation Satellite System) 즉 위성항법을 이러한 목적을 달성할 수 있는 기술로서 인식하고 있다. 위성항법(GNSS) 각 요소들의 가용성, 관련된 서비스의 이행 그리고 기존의 전통적인(Conventional) 방식의 시설들과의 융합과 관련된 세계 항행계획(GANP) 로드맵을 참조하기 바란다.

위성항법(GNSS)는 위치(Positioning), 항법(Navigation) 그리고 시간(Timing) 세 가지의 PNT(Positiong, Navigation, Timing) 어플리케이션을 지원한다. 위성항법은 이미 성능기반항법(Performance Based Navigation, PBN), 자동 종속 감시-방송(Automatic Dependent Surveillance-Broadcast, 이하 ADS-B), 자동 종속 감시-계약(Automatic Dependent Surveillance-Contract, 이하 ADS-C)의 근간을 이루고 있다. 위성항법(GNSS)는 시스템, 항법장치, 통신망 그리고 항공 산업을 넘어선 광범위한 산업들 간의 시간 동기화를 위한 표준 시간을 또한 제공하고 있다.

총회 결의안(Assembly Resolution, A32-19) 「위성항법 서비스와 관련된 국가들의 권리와 의무 선언문(Charter on the Rights and Obligations of States Relating to GNSS Services」에서 위성항법과 관련된 기술 이행이나 운영에 있어서 다음의 사항을 반드시 적용할 것을 강조하고 있는데, 그것은 바로, 안전의 최우선 ; 위성항법 서비스 이용에 대한 차별 금지 ; 국가별 자주권 ; 서비스 제공 국가의 신뢰성에 대한 의무 ; 그리고 전 세계적인 협조와 상호간의 원조가 바로 그것이다.

본 문서(Manual)는 위성항법 기술에 대한 정보, 운영 어플리케이션에 대한 정보를 제공할 것인데, 이것들은 모두 국가기관(State Regulators)이나 항법 서비스 제공자(Air Navigation Service, ANS)가 안전성에 대한 검토나 비즈니스 사례 등을 완성하기 위한 의사 결정 또는 계획 수립 등에 도움을 줄 것이다.

위성항법시스템 이행[GNSS Implementation]

위성항법에 대한 소개는 다음에 소개할 두 가지의 핵심 인공위성군(Satellite Constellations)으로 시작될 수 있는데, 그 두 가지는 바로 미국의 Global Positioning System(이하 GPS)와 러시아의 Global Navigation Satellite System(이하 GLONASS)이다. GPS와 GLONASS의 신호 제원은 Annex10(Standards and Recommended Practices, 이하 SARPs) 「Aeronautical Telecommunications」에 수록되어 있다.

1994년에, 미국은 국제 민간 항공 분야에서 필요성이 제기되어 이를 지원하기 위하여 GPS를 제안하였고, 다시 2007년에 그러한 제안을 재확인하였는데, ICAO 의회는 두 번의 제안을 모두 승인하였다. 1996년에, 마찬가지로 러시아는 국제 민간 항공 분야를 지원하기 위하여 GLONASS를 제안하였고, ICAO 의회는 이를 승인하였다. 두 국가 모두 그들의 인공위성군(Constellation)을 업그레이드 할 것이고, 신뢰성을 유지하기 위한 모든 필요한 과정들을 수행할 것을 ICAO에 약속하였다. 유럽과 중국은 각각 Galileo(이하 갈릴레오)와 BeiDou(이하 베이두) 위성항법 시스템을 개발 중인데, 이 두 시스템은 업그레이드된 GPS와 GLONASS와 상호 호환 가능할 것이다. 다만, 서로 호환 가능한 다중 인공위성군이 가능하기 위해서는 몇 가지 기술적이고 각 기관들과 연관된 문제들을 해결할 필요가 있긴 하다.

GPS는 1993년에 완전한 서비스를 개시하였으며, 많은 국가들이 같은 해에 항로(en-route) 비행구역 및 공항 비행구역에서 사용되는 계기 비행 절차(Instrument Flight Rules, IFR)와 비정밀 접근절차(Non-Precision Approach, NPA)를 승인하였다. 2001년에, ICAO는 보정된 핵심 인공위성군의 신호를 기반으로 한 위성항법 운영을 안정상과 신뢰성 요구사항에 부합한다는 SARPs로 채택하였다.

Annex 10에서는 다음 세 가지의 보정 시스템을 정의하고 있다 : 항공기 기반 보정 시스템(Aircraft-Based Augmentation System, 이하 ABAS) ; 위성 기반 보정 시스템(Satellite-Based Augmentation System, 이하 SBAS) ; 지상 기반 보정 시스템(Ground-Based Augmentation System, 이하 GBAS) 등.

ABAS는 항로 비행구역(En-Route), 공항 비행구역(Terminal), 비정밀 절차(NPA)를 위한 정확성(Accuracy)과 무결성(Integrity)을 위해서 GPS, GLONASS를 사용하는 항공 기술이다.

SBAS는 지상 기준국(Ground Reference Station) 네트워크를 사용하고, 지구 저궤도(LEO) 위성으로부터의 신호를 제공하는데, 그 신호는 광범위한 지형, 지역에서 항로 운영을 지원하고, 또한 수직정보(Vertical Guidance)가 제공되는 접근절차까지 모두 지원할 수 있다. SBAS를 이용한 접근절차 방식은 공항 단위에서 운영하는 보정국(Augmentation Station)을 요구하지 않는다. 광대역 보정시스템(Wide Area Augmentation System, 이하 WAAS)은 미국에서 개발된 SBAS이고, 이는 2003년부터 운영되었다. 또한 WAAS는 캐나다와 멕시코까지 서비스를 제공하고 있다. 일본의 다용도 교통 위성(Japanese Multifunctional Trasport Satellite, 이하 MTSAT)을 이용한 SBAS 시스템(이하 MSAS)은 2007년부터 운영 중에 있다. 유럽의 지구 정지궤도 위성 항법 오버레이 서비스(European Geostationary Navigation Overlay Service, 이하 EGNOS)는 2011년 초반부터 운영 중에 있다. 인도의 GAGAN(GPS Aided GEO Augmented Navigation System)은 2015년부터 운영 중이다. 러시아의 SDCM(System of Differential Correction and Monitoring)은 개발 중에 있고, 2020년 이후에 운영될 것으로 기대하고 있다. 이러한 시스템들은 그 서비스 영역을 중첩시켜서 끊임없는 위치정보를 제공할 수 있는 잠재력을 지닌다. 2017년 현재, 거의 5,000여개의 수직정보를 제공하는 SBAS 접근절차가 구현되었고, 거의 대부분은 계기착륙시설(Instrument Landing System, 이하 ILS)의 CAT I 등급에 상응하는 서비스를 지원하고 있다. 본 문서에 기술된 기술적인 이유 등으로 인해, 적도지역에서는 수직정보가 제공되는 접근절차를 일관성 있게 매우 높은 수준으로 제공할 수는 없다.

GBAS는 공항 단위에서 감시국(Monitoring Station)을 운영하며, 이를 통해 핵심 위성군에 대한 신호를 처리하고, 보정된 정보를 방송하여 정밀 접근절차를 지원하는 접근 경로 데이터를 제공한다. 2017년 현재, 거의 140여개에 이르는 GBAS 시스템이 인증 받았고, SARPs를 충족하는 신호를 송출하고 있는데, 그 중 절반 정도는 CAT I 등급 정도로 운영되고 있고, 또 수많은 프로토타입(Prototype) 수준의 시스템들이 CAT II/III 운영을 지원하기 위해서 시험 중에 있으며 ; 100개가 넘는 항공사들이 2000대가 넘는 항공기에 대해서 GBAS 탑재장비를 장착시켰다. 이와 같이 GBAS는 여러 나라에서 나날이 발전하고 있다.

항법시설 성능기반 비행절차[Performance-Based Navigation(PBN)]

공역 수용 용량을 늘리기 위한 하나의 핵심 방법은 정의된 공중회랑(Corridor) 내로 항로를 유지하는 지역 항법 환경으로의 전환일 것이다. 위성항법을 기반으로 한 PBN은 연속적이고, 조화로우며, 효율적인 유도정보 등을 출발 때부터 시작하여 수직 유도가 가능한 최종 접근 과정까지 제공하는데, 이 자동종속감시 방송시스템[Automatic Dependent Surveillance-Contract(ADS-C)]은 안정성, 효율성, 수용성 측면에서 이점(Profit)이 있다. PBN 매뉴얼(Doc 9613)은 이행 과정, 항법 어플리케이션, 항법 서비스 제공자(ANS)들이 고려할 점, 항법 제원, 기능 및 관련된 운영 등에 대해서 기술하고 있다. 항법 제원은 승인 과정과 항공기 요구사항, 승무원에 대한 교육훈련사항 등에 대한 것이 포함된다. PBN 개념은 항법이 기술 중심에서 성능 중심으로의 전환을 의미하며, 일부 시스템을 제외하고는 위성항법(GNSS)을 필요로 한다. 위성항법은 "ICAO 결의안 A37-11, 「Performance-Based Navigation Global Goals」"에 상응되게 국가들이 PBN을 이행할 수 있게 해주었다.

자동종속감시 방송시스템[Automatic Dependent Surveillance-Broadcast : ADS-B]

개선된 감시(Surveillance) 성능은 비행기 분리간격을 줄여주고, 공역 수용 용량을 늘려 주었을 뿐만 아니라, 사용자가 선호하는 하늘 길(항로) 선택을 가능하게 해주었다. ADS-B는 위성항법에 입각한 위치, 속도, 기타 다른 정보들을 항공기가 자체적으로 방송하는 것에 기반을 둔 기술이다. 일반적으로 레이더보다 설치 비용이 적게 드는 ADS-B 지상국은 항공기에 필요한 ADS-B 데이터를 제공한다. 적절한 장비를 탑재한 항공기가 이러한 데이터를 표시함으로서 승무원들로 하여금 상황을 좀 더 잘 파악할 수 있게 해준다. 현재 많은 국가들이 레이더가 탐지하지 못하는 많은 지역에 대해서

ADS-B를 이행해 오고 있는 중이다. 이러한 노력들은 80NM(해리)에서 5NM(해리) 정도로 항공기 분리간격을 줄여 주었고, 이렇게 늘어난 공역 수용 용량은 연료 소모와 배기가스의 감소에도 큰 영향을 주었다.

자동종속감시 방송시스템[Automatic Dependent Surveillance-Contract : ADS-C]

레이더나 ADS-B 지상국을 설치하는 것이 불가능한 대양이나 원거리의 공역에서는, ADS-C를 이용한 위치 정보가 통신위성을 통해서 항공관제소(ATC)에 전달된다. 이러한 방식에서는 양방향통신에 지정된 곳에서 위치 정보를 제공하게 된다. 이미 많은 항공기들이 레이더가 설치되어 있지 않은 대륙의 공역이나 대양 등에서 ADS-C를 사용 중에 있고, 이 기술 역시 항공기 분리간격 기준 등을 줄이는데 선도적인 역할을 하고 있다.

안전 위기 관리[Safety Risk Management]

위성항법 SARPs와 관련된 항공기술 표준들은 모두 안전이라는 목표에 부합되게 개발되어 졌다. 따라서 대부분의 경우 기술적 위험에 대한 추가적인 분석이 필요하지 않게 된다. 「Procedures for Air Navigation Services-Aircraft Operations ; PANSOPS, Doc 8168」의 절차 설계 기준 또한 비슷한 안전 체계를 갖고 있다. 많은 국가들이 GPS가 완전한 운영을 선언한 1993년부터 위성항법을 기반으로 한 서비스를 도입하고 있다. 이러한 나라들에 의하여 개발된 규정들과 운영절차들은 안전성 평가를 이미 반영하고 있고, 이러한 것들은 다른 나라들이 그들의 규정, 교육훈련, 절차, 시행계획 등을 설계하는데 도움을 주고 있다.

위성항법 신호는 의도되었거나 또는 의도되지 않은 간섭 또는 특정 자연현상에 취약한 편이다. 따라서 국가들은 일부 전파 사용을 통제 또는 특정한 절차를 수행하거나 하는 방식으로 이러한 취약점을 관리할 수 있고, 일시적인 서비스 장애에 영향을 최소한으로 받기 위하여 기존 재래식(Conventional) 방식의 시설들을 유지하여 같이 이용하기도 한다. 본 문서는 기존의 시스템과 어떻게 통합할 수 있는지, 현재의 상태는 어떠한 지에 대한 문제들도 다루게 될 것이다.

비즈니스 사례[Business Case]

위성항법을 기반으로 한 서비스 도입 여부를 결정하는 비즈니스 사례는 비용과 이익 측면을 고려해야 한다. 많은 국가들이 ABAS, SBAS, GBAS, ADS-B 그리고 ADS-C 도입을 위한 많은 분석을 이미 수행해 왔다. 본 문서에서는 일반적으로 고려되는 부분만을 다룰 것이다. 핵심 위성군에 의존하는 항로 비행구역, 공항 비행구역, 비정밀 절차의 도입은 비행시간 단축과 향상된 공항 접근성의 측면에서 큰 이익이 있다. 지상에 시설을 설치하지 않아도 된다는 점, 그리고 정기적으로 비행 절차들을 점검하기 위한 비행검사가 필요하지 않다는 점, 항공기에게 복잡한 탑재장비를 요구하지 않는다는 점에서 항법서비스 제공자(ANS)들에게 비용을 크게 낮춰 주게 된다.

항법서비스 제공자(ANS)들은 비즈니스 사례 개발과정에서 항공사들을 참여시킬 필요가 있는데, 이는 책정된 비용과 이익이 얼마나 타당하게 수립되었는지 확인시켜주고, 투자가 적절하게 조정되었는지 그들에게 확인시켜 줄 수 있기 때문이다. 이러한 분석은 운영자들이 획득할 수 있는 모든 항공기술들이 그들의 기대에 부합된다는 것을 확인시켜주기 위해 모든 위성항법을 기반으로 한 서비스에 대해서 이루어질 필요가 있다. 경험에 의하면, 운영자들은 매우 큰 이익이 발생되어져야만 항공기술에 투자하는 경향이 있다.

위성항법기반 서비스 이행[Implementation of GNSS-Based Services]

GPS는 1993년부터 민간항공 영역에서 안전성과 효율성을 제공해 왔고, 이로 인해 항공사, 국가기관, 항법서비스 제공자(ANS)들에게 위성항법을 기반으로 한 서비스가 널리 퍼지게 되었다. 많은 국가들이 PBN, ADS-B, ADS-C 기술 등에 기반 해서 공역을 좀 더 효율적으로 재구성하기 시작하였고, 안전하게 공항으로 접근이 좀 더 용이한 접근절차들을 설계하게 된다. 각각 다른 형태로 방사되는 주파수의 다양한 위성군을 이용할 수 있는 것은 위성항법으로 하여금 좀 더 강력하고 다양한 서비스를 제공할 수 있게 할 것인데, 이는 시스템과 항공 기술들로 인해 2020년 이후에 가능할 것으로 예상된다. 결과적으로 항법서비스 제공자(ANS)들은 항공사들과 함께 차세대 서비스를 계획하는 과정에서 위성항법의 서비스와 이점을 이용하고, 한편으로 확장 시킬 수도 있을 것이다.

위성항법을 기반으로 한 운영절차를 이행할 때, 국가들은 ICAO의 규정을 따르고 있는 세계 항행계획(GANP) 또는 관련된 ASBU를 참조하는 것을 장려하였다. 이로 인해 ICAO 계획 및 이행 지역 그룹(PIRGs)에서 제공하는 전문성과 정보들을 이용할 수 있는 장점을 확보할 수 있다.

서 문[Foreword]

세계 항행계획(GANP : Global Air Navigation Plan, Doc 9750) 제 5판에서는 ICAO의 항공 산업 분야별 업그레이드 방안(ASBU)에 대해서 매우 높은 수준(High-Level)의 요약 내용을 제공하고 있다. ASBU는 각각 공항 운영 ; 전 세계적으로 호환 가능한 시스템과 데이터 ; 최적화된 수용 용량과 유연한 항공기 일정 ; 그리고 효과적인 비행 경로 등의 목적을 달성하는 운영 목표를 정의하고 있다. 위성항법(GNSS) 기술은 ASBU 방법론에서 이러한 목적을 달성하고 서비스를 향상시킬 수 있는 핵심 기술요소로 평가 받고 있다.

위성항법에 대한 SARPs는 2001년에 「Convention on International Civil Aviation-Aeronautical Telecommunications, Volume 1-Radio Navigation Aids」 Annex 10 수정사항(Amendment) 76에 소개되었다. Annex 10, Volume 1, 부록 D에서 관련된 정보 등을 찾아 볼 수 있는데, 이 정보들은 위성항법 SARPs에 입각한 다양한 어플리케이션들과 이를 개발하기 위한 기술적인 측면들에 대한 확장된 지침을 제공하는 역할을 하고 있다. 항행기술위원회(Navigation Systems Panel, 이하 NSP)에서는 Annex10 수정판 등을 통하여 개발된 내용들을 지속적으로 공표할 것이다.

본 문서의 가장 큰 목적은 위성항법을 도입하려는 국가들에게 정보를 제공함으로서 도움이 되는 한편으로, 위성항법을 기반으로 한 서비스들을 소개하는데 있다. 따라서 본 문서는 위성항법을 운영하는 항법 서비스(Air Navigation Service, ANS) 제공자들에게 그 목적이 있으며, 또한 이러한 위성항법을 항공기에게 사용하는 것을 승인하는 국가기관에게도 그 목적이 있다고 할 수 있다.

본 문서는 Annex 10, Volume 1의 관련된 규정과 성능기반 항법(Performance-Based Navigation, PBN Manual, Doc 9613)을 조합하여 작성되었다.

본 문서에 의견이 있으면, 아래의 주소로 송부 부탁드리며, 위성항법을 기반으로 서비스와 개발에 관계된 모든 관계자들을 대신하여 감사의 말씀을 전해 드린다.

The Secretary General
International Civil Aviation Organization
999 Robert-Bourassa Boulevard
Montréal, Quebec H3C 5H7
Canada

Table of Contents

Glossary

AAIM	Aircraft Autonomous Integrity Monitoring
ABAS	Aircraft-Based Augmentation System
ACARS	Aircraft Communications Addressing and Reporting System
ACAS	Airborne Collision Avoidance System
ADF	Automatic Direction Finder
ADS	Automatic Dependent Surveillance
ADS-B	Automatic Dependent Surveillance-Broadcast
ADS-C	Automatic Dependent Surveillance-Contract
AIC	Aeronautical Information Circular
AIP	Aeronautical Information Publication
AIRAC	Aeronautical Information Regulation And Control
AIS	Aeronautical Information Service
AM(R)S	Aeronautical Mobile (R) Services
ANS	Air Navigation Services
APCH	Approach
APNT	Alternative Position, Navigation and Timing
APV	Approach Procedure with Vertical Guidance
ARAIM	Advanced RAIM
ARNS	Aeronautical Radio Navigation Service
ASBU	Aviation System Block Upgrade
ASRS	Aviation Safety Reporting System
ATC	Air Traffic Control
ATM	Air Traffic Management
ATS	Air Traffic Services
Baro VNAV	Barometric Vertical NAVigation
BDS	BeiDou Navigation Satellite System
BDSBAS	BeiDou Satellite-based Augmentation System
BDT	BeiDou Time

C/A	Coarse/Acquisition
CAT I	Category I
CAT II	Category II
CAT III	Category III
CDMA	Code-Division-Multiple-Access
CFIT	Controlled Flight Into Terrain
CGS2000	China Geodetic System 2000
C/N0	Carrier-to-noise density
CNS	Communications, Navigation and Surveillance
CONOPS	CONcept of OPerationS
COSPAS-SARSAT	Space system for search of vessels in distress-global search and rescue satellite-aided system
CPDLC	Controller-Pilot Data Link Communications
CSA	Channel of Standard Accuracy
CW	Continuous Wave
DFMC	Dual-Frequency, Multi-Constellation
DH	Decision Height
DME	Distance Measuring Equipment
EASA	European Aviation Safety Agency
EC	European Commission
EDCN	Egnos Data Collection Network
EGNOS	European Geostationary Navigation Overlay Service
EIRP	Equivalent Isotropically Radiated Power
ELT	Emergency Locator Transmitter
ETSO	European Technical Standard Order
EU	European Union
EUROCAE	European Organization For Civil Aviation Equipment
EVAIR	Eurocontrol Voluntary ATM Incident Reporting
FAA	Federal Aviation Administration
FAS	Final Approach Segment
FD	Fault Detection

FDE	Fault Detection and Exclusion
FDMA	Frequency Division Multiple Access
FIR	Flight Information Region
FMS	Flight Management System
ft	FT
GAGAN	GPS Aided GEO Augmented Navigation
GANP	Global Air Navigation Plan
GAST	GBAS Approach Service Type
GBAS	Ground-Based Augmentation System
GBAS/E	GBAS VDB Elliptical polarization
GBAS/H	GBAS VDB Horizontal polarization
GEO	Geostationary Earth Orbit (satellite)
GIVE	Grid Ionospheric Vertical Error
GLONASS	Global Navigation Satellite System
GLS	GBAS Landing System
GNSS	Global Navigation Satellite System
GPS	Global Positioning System
GPWS	Ground Proximity Warning System
GRAS	Ground-Based Regional Augmentation System
HAL	Horizontal Alert Limit
HMI	Hazardously Misleading Information
HPL	Horizontal Protection Level
Hz	Hertz
IATA	International Air Transport Association
ICAO	International Civil Aviation Organization
ICD	Interface Control Document
IFR	Instrument Flight Rules
IGS	International GNSS Service
IGSO	Inclined GEO Synchronous Orbit
ILS	Instrument Landing System
IRS	Inertial Reference System

ITRF	International Terrestrial Reference Frame
ITU	International Telecommunication Union
LAL	Lateral Alert Limit
LEO	Low Earth Orbit
LNAV/VNAV	Lateral NAVigation/Vertical NAVigation
LP	Localizer Performance
LPL	Lateral Protection Level
LPV	Localizer Performance with Vertical guidance
m	Meters
MASPS	Minimum Aviation System Performance Standard
MEA	Minimum En-route Altitude
MEO	Medium Earth Orbit
MLS	Microwave Landing System
MMR	Multi-Mode Receiver
MOPS	Minimum Operational Performance Standards
MSAS	MTSAT Satellite-based Augmentation System
MTSAT	Multifunctional Transport Satellite
NAGU	Notice Advisory to GLONASS Users
NANU	Notice Advisory to NAVSTAR Users
NASA	National Aeronautics and Space Administration
NDB	Non-Directional radio Beacon
NGS	National Geodetic Service
NOTAM	Notice to Airmen
NPA	Non-Precision Approach
NSP	Navigation Systems Panel
P-code	Precision code
PANS-ATM	Procedures for Air Navigation Services-Air Traffic Management (Doc 4444)
PANS-OPS	Procedures for Air Navigation Services-Aircraft Operations (Doc 8168)
PBN	Performance-Based Navigation

PIRG	Planning and Implementation Regional Group
PNT	Positioning, Navigation and Timing
PPD	Personal Privacy Device
PPS	Precise Positioning Service
PRN	Pseudo-Random Noise
PZ-90	Parameters of the Earth 1990 coordinate system used in GLONASS
QZSS	Quasi-Zenith Satellite System
RAIM	Receiver Autonomous Integrity Monitoring
RF	Radio Frequency
RFI	Radio Frequency Interference
RNAV	Area NAVigation
RNP	Required Navigation Performance
RNSS	Radio Navigation-Satellite Service
RSOO	Regional Safety Oversight Organization
RTCA	RTCA, Inc.
SA	Selective Availability
SAR	Search And Rescue
SARPs	Standards and Recommended Practices
SBAS	Satellite-Based Augmentation System
SDCM	System of Differential Correction and Monitoring
SID	Standard Instrument Departure
SIS	Signal-In-Space
SISE	Signal-In-Space Error
SOPAC	Scripps Orbit and Permanent Array Center
SPS	Standard Positioning Service
STAR	STandard instrument ARrival
TACAN	UHF TACtical Air Navigation aid
TAWS	Terrain Awareness and Warning System
TETRA	Terrestrial Trunked Radio
TSO	Technical Standard Order

UAV	Unmanned Aircraft Vehicles
UDRE	User Differential Range Error
URE	User Range Error
USCG	United States Coast Guard
UTC	Coordinated Universal Time
VAL	Vertical Alert Limit
VDB	VHF Data Broadcast
VFR	Visual Flight Rules
VHF	Very High Frequency
VMC	Visual Meteorological Conditions
VNAV	Vertical NAVigation
VOR	VHF Omnidirectional Radio range
VPL	Vertical Protection Level
WAAS	Wide Area Augmentation System
WGS-84	World Geodetic System-1984

Chapter 1

소 개 [Introduction]

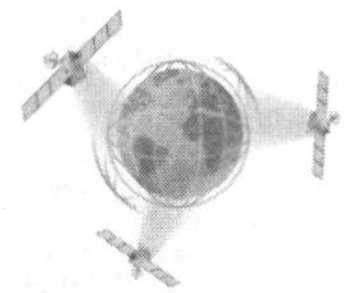

Global Navigation Satellite System(GNSS) Manual

1.1 일반사항[Genaral]

1.1.1 Annex 10 「Aeronautical Telecommunications」에 정의되어 있는 위성항법 시스템은 전 세계적으로 통용되는 위치정보와 시간정보를 결정하는 시스템으로서, 한 개 또는 그 이상의 인공위성군, 항공기 탑재장비, 무결성 체크 시스템, 보정시스템 등을 포함하게 되는데, 이는 운영을 위해 특정한 요구사항이 있는 RNP(Required Navigation Performance)를 지원하기 위하여 필요한 것들이다.

1.1.2 세계 항행계획(GANP, (Global Air Navigation Plan, Doc 9750) 제 5판에서, 위성항법(GNSS)을 향상된 서비스를 제공하고, 주어진 환경에 부합하며, 효율적이고 안정적인 목적을 달성하기 위한 항법 시스템의 핵심 기술로서 다루고 있다.

1.1.3 총회 결의안 A32-19-「Charter on the Rights and Obligations of States Relating to GNSS Services」에서 기관적인 이슈들을 채택하였다. 본 헌장(Charter)은 다음과 같은 것들을 포함하는 위성항법(GNSS)의 운영과 이행을 반드시 적용하는 원칙을 강조하였는데, 그것은 각각 안전의 최우선 ; 위성항법 서비스 이용에 대한 차별 금지 ; 국가별 자주권 ; 서비스 제공 국가의 신뢰성에 대한 의무 ; 그리고 전 세계적인 협조와 상호간의 원조이다.

1.1.4 국가는 새로운 항법 서비스가 수립된 안전 표준에 부합되는지를 확인하는데 최종적인 책임을 지게 된다. 어떤 경우에는, 국가가 지역 안전 감독 기구(Reginal Safety Oversight Organization, 이하 RSOO)를 설립하기 위한 자원을 모을 수도 있는데, 이러한 RSOO는 공통 접근절차에 대하여 안전한 규정을 마련하였는지, 감독은 하고 있는지, 각종 이행 상태를 확인하는 역할을 수행하게 된다. 본 문서 상에서 국가에게 부여되는 참조사항들은 모두 RSOO에게도 공통적으로 적용된다.

1.1.5 본 문서의 내용들은 「Performance Based Navigation(PBN) Manual(Doc 9613)」 문서, 「Safety Oversight Manual(Doc 9734)」 문서, 「Safety Management Manual(SMM)(Doc 9859)」 문서, 그리고 각종 총회 결의안과 그 궤를 같이 한다. 따라서 본 문서를 읽는 독자들은 앞에서 이야기한 문서와 관련된 각종 ICAO 문서들에 익숙해져야 할 것이다.

1.1.6 세계 항행계획(GANP)에 있는 항법과 PBN 관련 로드맵들은 본 문서의 부록 D와 E에서 그대로 사용하였다. 이러한 로드맵들은 세계 항행계획(GANP) 개정에 따라 새롭게 업데이트 되며, 다음의 대략적인 시간계획을 포함하는데 그것은 각각 위성항법의 가용성, 관련된 서비스의 이행, 기존 전통적인(conventional) 시설들의 존치 또는 대체여부를 판단하는 것이다. 이 로드맵들은 ASBU의 내용과도 일치하는 계획을 국가들에게 제공하게 된다.

1.1.7 본 문서는 위성항법(GNSS) 기술과 운영에 대한 정보를 제공하고, 그것은 국가들이 위성항법의 안정성을 통찰할 수 있도록 도움을 줄 것이며, 또한 국가들이 위성항법의 도입여부를 결정하는 각종 계획을 수립하는 것에 다양한 비즈니스 사례들을 제공할 것이다.

1.2 위성항법시스템 구성요소[GNSS Elements]

1.2.1 위성항법을 기반으로 한 서비스는 두 개의 핵심 인공위성군으로 인하여 가능해졌는데, 그 두 개는 각각 미국의 GPS(Global Positioning System)와 러시아의 GLONASS(Global Navigation Satellite System)이 바로 그것이다. 두 국가 모두 그들의 위성군을 업그레이드 할 것이고, 서비스 수준을 ICAO에 맞게 준수해 오고 있다. 유럽은 갈릴레오(Gallileo)를 중국은 베이두(BeiDou Navigation Satellite System(BDS))를 개발 중에 있고, 그 두 시스템들은 모두 업그레이드된 GPS와 GLONASS와 상호 호환 가능할 것이다. 국제 민간 항공을 지원하기 위한 이 모든 시스템들은 Annex 10에 포함되게 된다. 현재 사용 중이거나 앞으로 사용하게 될 핵심 위성군의 주파수들은 부록 C에서 다루고 있다.

1.2.2 현존하는 핵심 인공위성군은 민간 항공 영역의 성능 요구사항을 만족하게 설계되지는 않았다. 핵심 인공위성군들의 신호들은 Annex10에서 규정하고 있는 것처

럼 각각 항공기 자체 시스템에 기반 해서 보정하는 ABAS, 지상에 설치된 기지국에 기반 해서 보정하는 GBAS, 정지위성에 기반 하여 보정하는 SBAS 등의 보정시스템을 필요로 한다. 한편 지역기반 보정시스템(Ground-Based Regional Augmentation System, 이하 GRAS)을 위한 SARPs도 존재하기는 하지만, 아직 아무 국가도 GRAS를 이행할 계획은 가지고 있지 않다.

1.2.3 Annex 10에서는 위성항법 관련 장비들의 대체나 변경사항이 발생되어 SARPs의 규정이 변경될 경우 이를 6년 전에 미리 알려주도록 규정하고 있다. 또한 핵심 위성군의 사용중지나 관련된 보정 시스템의 사용을 중지하는 경우에도 6년 전에 공지를 해야 한다.

1.3 위성항법시스템 기반 서비스 이행[Implementation of GNSS-Based Services]

1.3.1 위성항법을 기반으로 한 서비스는 국가로 하여금 다음의 안전성 평가 항목들을 국가들이 승인하거나 허가하는 것을 요구하는데, 그 항목들은 바로 교육훈련, 공역, 탑재장비 및 관제절차 등과 관련된 시스템 구축 내용들로서 이것들은 모두 관련된 규정을 준수하여야 한다.

1.3.2 항법서비스 제공자(ANS)들과 항공사들도 위성항법을 기반으로 한 서비스 이행을 지원하기 위한 비즈니스 사례 분석을 보통 수행한다. 많은 국가들이 ADS-B, ADS-C, 기본적인 위성항법, GBAS, SBAS 운영 등을 도입하면서 그러한 분석을 수행해오고 있다.

1.3.3 위성항법을 기반으로 한 서비스로의 전환은 항공 산업에 있어서 중대한 변화를 나타내는 것으로서, 규정, 서비스 조항, 공역, 탑재장비 및 관제절차, 항공기 운영 등에 있어서 새로운 접근방식을 요구하게 된다.

1.3.4 성공적인 전환을 위해서는 항공 산업 조직에서 의사결정을 하는 기관들을 포함한 모든 관계기관들을 대상으로 종합적인 오리엔테이션과 교육프로그램을 필요로 한다. 특히, 규제기관이나 항법 서비스 제공자(ANS)에 속하는 직원들에게는 그들로 하여금 어떻게 해야 위성항법을 기반으로 한 서비스 구축에 기여할 수 있는지 이해할 수 있게 하는 더 나은 교육을 필요로 할 것이다. 교육훈련 과정은 다음의

것들을 포함해야 하는데 : 위성항법 운영에 대한 기본적인 이론 ; 위성항법으로 할 수 있는 것과 그 한계는 무엇인지 ; 항공기술적인 성능과 그것들의 통합 ; 적용 가능한 규정들 ; 운영 개념 등이 그것이다. 본 문서는 이러한 요구사항의 대부분을 다룰 것이다.

1.4 GNSS시스템 운영관련 어플리케이션[Operational Applications of GNSS]

1.4.1 일반사항[General]

1.4.1.1 위성항법(GNSS)은 PBN을 가능하게 하였고, 항로 단계에서 정밀접근까지 이르는 비행의 모든 단계에서 항법 유도 정보를 제공하고 있다. 위치정보를 제공함으로서, 위성항법(GNSS)은 ADS-B, ADS-C, 이동 지도 화면(Moving Map Displays), 지형인식 경보 시스템(Terrain Awareness and Warning Systems, 이하 TAWS), 통합 시계 확인 시스템(Synthetic Vision Systems)을 가능하게 하였다. 비상위치지시기(Emergency Locator Transmitters, 이하 ELTs) 또한 위성항법 위치정보를 사용한다. 한편으로 위성항법은 매우 정밀한 시간 어플리케이션들 또한 다양하게 지원하고 있다. 많은 국가들이 기존의 재래식(Conventional) 시스템들이 설치되어 있지 않은 곳에 더 좋은 품질의 항공기 운영을 위해 위성항법을 이미 채택하고 있다.

1.4.1.2 위성항법(GNSS)의 첫 번째 사용 승인은 1993년에 이루어졌는데, 그것은 계기비행 절차(Instrument Flight Rules, 이하 IFR) 항로 비행구역(국내외용), 공항 비행구역, 비정밀 접근절차(NPA)를 지원하였다. 이때는 오직 GPS 신호 및 인증 받은 GPS 탑재 장비에 대해서만 승인되었다. 그로 인해 최초의 승인은 약간의 운영상의 제한사항이 있기는 하였지만, 항공사들에게 매우 큰 편익을 가져다 주었다. 1993년 이후로, GPS는 여러 국가들과 항공사들에게 널리 사용되게 된다.

1.4.1.3 위성항법(GNSS)는 해양 또는 산악 지형에서 원격으로 정밀한 유도정보를 제공하는데, 이러한 지역들에 기존의 재래식(Conventional) 항법 유도 시설들을 설치하는 것은 불가능하거나 매우 비용이 많이 드는 일이었다. 한편, 예를 들어

섬에 착륙하기 위해서, 기존의 재래식(Conventional) 항법 시스템들은 설치할 수가 없었는데, 위성항법은 이를 가능하게 하였다.

1.4.1.4 위성항법(GNSS)으로 정밀 유도정보 제공이 가능해짐에 따라, 도착과 출발 시에 발생하는 소음 또한 저감시킬 수 있는 방법이 모색되었다. 위성항법은 경로 설정이 매우 유연하여, 지형적으로 제한이 있는 곳에서 유연한 경로 설정으로, 효율적인 강하 비행 절차 및 낮은 상승 경사율(Climb Gradient)을 갖게 해주며, 유효 탑재량(Payload)도 늘려준다.

1.4.1.5 위성항법을 기반으로 한 서비스는 기존 재래식(Conventional) 항법 시설들의 단계적인 폐쇄를 가능하게 했다. 결과적으로 이것은 항법 서비스 제공자(ANS)와 항공사에게 장기적으로 비용을 절감할 수 있게 해주었다. 또한 위성항법 도입 초반기에도 국가들이 기존 재래식(Conventional) 시설들을 대체하는데 필요한 비용을 절감할 수 있게 해주었다.

1.4.2 성능기반 항법[Performance-Based Navigation : PBN]

1.4.2.1 공역 수용 용량 향상이라는 목적을 위해서는, 항로 비행구역 또는 공항 비행구역에 접근할 때, 미리 정의된 비행 항로(Corridor) 구역들 내에서 비행경로를 유지하는 완전한 지역항법(Area Navigation) 환경으로의 전환이 요구된다. 이와 관련하여, Doc 9613에서는 PBN 개념에 대해 설명이 되어 있으며, 지역항법 요구사항을 항법 제원으로 정의하고 있다. 이것은 정확성(Accuracy), 무결성(Integrity), 가용성(Availability), 연속성(Continuity), 기능성(Functionality)을 규정하고 있는데, 이것들은 모두 특정 공역을 지원하기 위해 필요한 것들이다. PBN의 등장은 기술 중심에서 성능 중심으로 항법의 중심축이 전환되었음을 의미하고; 비록 최소 요구 어플리케이션들은 제외해야 하지만, 위성항법(GNSS)은 이를 가능하게 한 핵심 역할을 하였다고 볼 수 있다.

1.4.2.2 Annex 10에 정의된 ABAS와 SBAS는 먼 대양(Ocean)의 항로 비행구역에서 수직정보를 제공하는 최종 접근절차에 이르기까지, PBN 제원을 준수하는 신호를 방사하는 위성항법 어플리케이션들을 지원한다. ABAS와 SBAS에 대한 표준 항공기술은 각각 PBN 제원에 정의되어 있다. ABAS는 측위항법(Lateral Navigation, 이하 LNAV)의 최저치(Minima)까지 하강할 수 있는 RNP 접근절차를 지원하고 있고, 만일 기압계를 통한 수직항법 유도장치(Barometric

Vertical Navigation, 이하 Baro VNAV)와 결합된다면, LNAV/VNAV 최저치(Minima)까지 하강할 수 있는 수직 정보를 갖는 접근 절차까지 지원할 수 있다. SBAS는 측위 보호 수준(Lateral Protection Level, 이하 LPV) 최저치까지 하강하는 수직 유도 정보를 갖는 RNP 접근절차를 지원하며, 방위각 장치(Localizer) 같은 유도 정보를 이용하면 방위각 장치 성능(Localizer Performance, 이하 LP) 최저치까지 하강기능이 가능한데, 여기서 수직정보는 장애물이나 지형 상의 특성으로 인해 주어질 수 없다. RNP 접근(APCH)는 위성항법을 필요로 한다.(* 역주 : LPV는 보통 Localizer Performance with Vertical Guidance로 사용되는데, 본 문서에서는 Lateral Protection Level로 사용되었다.)

1.4.2.3 SBAS 서비스 안 되는 국가와 Baro VNAV 탑재장비가 없는 항공기에서, 위성항법(GNSS)는 직진(Straight-In) 접근방식을 위한 수평 유도 정보를 대부분의 활주로에 대해서 제공할 수 있는데, 이러한 직진 접근방식은 높은 사고 발생 비율을 갖는 원형 접근방식(Circling)을 대체한다. Annex 10에 정의된 GBAS 위치정보 서비스는 아마도 미래에 공항지역의 PBN도 지원하게 될 것이지만, 그러나 GBAS의 원래 목적은 CAT I/II/III 운영을 지원하는 것이고, ABAS와 SBAS의 연장선상에 있는 PBN과 같은 역할로 사용되어지지는 않을 것이다. 따라서 GBAS 접근은 PBN 운영으로 고려되지는 않는다.

1.4.2.4 위성항법(GNSS)는 ICAO 총회 결의안 A37-11 준수를 가능하게 하였고, 그리고 그것은 각 국가로 하여금 PBN 이행 계획이 긴급하게 완료되기를 촉구하고 있는데, 다음의 내용들을 달성하는 것이 그 목적이다 :

1) 항로 비행구역과 공항 비행구역에 대한 RNAV의 이행 및 RNP 운영을 수립된 시간계획과 중장기 발전계획(Intermediate Milestone)에 맞추어 실행하는 것 ;
2) 수직유도접근절차(Approach Procedures with Vertical Guidance, 이하 APV)를 (기압계 VNAV 그리고/또는 보정된 위성항법(GNSS)을 이용하여서)을 이행하는 것, 그리고 그것은 계기착륙시설 운영이 종료되기 때문에, LNAV-only 최저치를 포함하는 주 착륙절차 또는 예비착륙절차로서 2016년까지 완성되어야 함.(중장기 발전계획에 따르면 2010년까지는 30%, 2014년까지는 70%)

3) 위에서 설명한 2)에 대한 예외로서 계기착륙시설을 운영 중인 활주로에 대하여 직진형 수평정보 LNAV-only 절차의 이행으로서, 해당 공항은 국지고도계(Local Altimeter)가 가능하지 않고 최대 인증 이륙 중량 5,700kg 이상인 항공기에 대한 APV 운영을 지원하는 항공기가 취항하고 있지 않아서...

1.4.2.5 이미 시판되고 있는 ABAS, SBAS 항공 기술은 모든 항공사로 하여금 경제적인 범위 내에서 PBN을 제공하였다. 이것은 국가가 다음과 같은 방향으로 항로 비행구역과 공항 공역을 설계할 수 있게 하는 것을 가능하게 하였는데, 그것은 바로 수용 용량의 최대화와 항공사가 선호하는 경로의 지원이 그것이다. 위성항법(GNSS)로 가능해진 PBN 항법은 항공기가 좀 더 효율적인 비행경로를 가질 수 있게 하는 것을 가능하게 하였는데, 기존 재래식 시설에 의해 잘 지원되는 지역에서 조차 이러한 비행경로를 갖게 하였다.

1.4.2.6 PBN 항법 어플리케이션들은 또한 오류 없는 항법 데이터베이스를 요구한다. 그러므로 국가들은 항공기술에 사용되는 데이터의 무결성을 확신할 수 있는 절차와 시스템에 이를 적용시켜야 한다. 제 7장에서 기술한 바와 같이, 데이터베이스 공급자들은 국가별 항공 정보 간행물(Aeronautical Information Publications, 이하 AIPs)에서 제공되는 데이터를 항공기 탑재장비 등에 사용하기 위해 처리한다.

1.4.3 자동종속감시 방송시스템[Automatic Dependent Surveillance-Broadcast : ADS-B]

개선된 감시(Surveillance) 성능은 분리 간격 기준을 줄여주는 핵심 역할을 하게 되고, 공역의 수용 용량 증가와 사용자가 선호하는 비행 경로를 지원할 수 있다. ADS-B는 위성항법 위치 정보, 속도 및 관련된 데이터들을 항공기가 방송(Broadcasting)하는 것을 기반으로 한 시스템이다. 보통 레이더보다 비용적으로 훨씬 적게 드는 ADS-B 지상국들은 제어 상황을 현시하기 위하여 ADS-B 데이터를 제공한다. 적절한 탑재장비를 갖춘 항공기 또한 이러한 데이터를 현시할 수 있고, 이것은 승무원으로 하여금 상황에 대한 더 나은 인식을 할 수 있게 도와주게 된다. 많은 국가들이 레이더 탐지 범위 밖에 있는 영역에 대하여 ADS-B를 도입해오고 있다. 이로 인해 항공기 분리간격은 80NM(해리)에서 5NM까지 줄어들게 되었고, 이렇게 해서 공역 수용 용량을 증가시켰고, 연료소모의 감소와 배기가스 배출량 감소에 괄목할만한 성과를 이루게 되었다. 미래에는 지구 저궤도(LEO) 위성을 이용하여 항공기로부터 ADS-B 위치 정보를 수신하게 될 것이며, 이는 이러한 서비스를 대양이나 원격의 공역에 대해서도 ADS-B 서비스가 가능하게 할 것이다.

1.4.4 자동종속감시 계약시스템[Automatic Dependent Surveillance-Contract : ADS-C]

감시 지상국을 설치하는 것이 불가능한 대양이나 원격의 공역에서는, 위성항법의 시간이 찍힌(Time-Stamped) 위치 정보가 위성을 통해서 ATC로 전달될 것이다. ADS-C를 통해서, ATC는 위치 정보를 제공하게 되는데, 이는 보통 주요 지점이나 특정한 시간 간격으로 제공하게 된다. 많은 항공기들이 이미 대양이나 레이더가 없는 대륙의 공역 등에 대해서 ADS-C를 사용 중에 있으며, 이를 통해 분리 간격 기준을 줄이는 것이 가능하게 되었다.

1.4.5 GNSS 시간정보를 이용한 항공기 탑재시스템[Aviation Systems using GNSS Time]

위성항법은 정밀한 시간 정보를 제공하는데, 그 시간 정보는 많은 항공시스템에서 해당 지역의 시간 정보를 협정 세계시(Coordinated Universal Time, 이하 UTC)에 동기화시키는데 사용된다. 동기화된 시각 정보는 각종 이벤트에 세계적으로 유효하고 비교 가능한 시간을 부여(Time-Stamped)할 수 있다. 위성항법 시간을 이용하는 현재 또는 미래의 어플리케이션들에 대한 예를 들어 본다면 : ADS-B, ADS-C ; 4차원 항법과 지나온 경로(궤적) 동기화 ; 도착 예정 시간 : 다변 감시시스템(Multilateration) 및 광범위한 지역에 대한 다변 감시시스템 ; 다중 레이더 추적 시스템 ; 공중-지상 간의 데이터 통신(Link) ; 항공기 데이터 처리 ; 지상 통신망 구성 등을 생각해 볼 수 있다.

1.5 GNSS 시스템의 한계점 및 기타 현안사항[GNSS Limitations and Other Issues]

1.5.1 위성항법이 매우 큰 이점을 제안하지만, 국가기관이나 항공 서비스 제공자(ANS)들이 위성항법에 기반을 둔 서비스를 제공할 때에는 반드시 해결해야할 몇 가지 제약사항도 기술적으로 존재한다.

1.5.2 본 문서는 의도적인 또는 비의도적인 방해 전파로부터 위성항법 신호가 얼마나 취약한 점을 가지고 있는지 설명할 것이며, 전리층으로 인해 발생되는 영향성에 대해서도 설명할 것이다. 또한 본 문서는 스펙트럼의 사용을 효과적으로 제어하고, 관련된 항공 기술과 보정 시스템을 통하여 이러한 문제들을 적절히 해결함으로서, 위성항법을 기반으로 한 서비스가 방해 받을 수 있는 가능성을 줄여주는 방법에 대해서도 기술할 것이다. 일시적으로 위성항법 신호를 항공기가 수신하지 못 하였을 때, 항공기 운영에 미치는 영향을 어떻게 감소시킬 수 있을지 또한 기술할 것이다.

1.5.3 위성항법은 현재 무지향 무선 표지시스템(Non-Directional Radio Beacons, 이하 NDBs)나 전방향 무선 표지시스템(VHF Omnidirectional Radio Range, 이하 VOR)이 서비스를 제공하고 있는 많은 활주로에 대하여, 더 적은 최저치(Minima)를 갖는 직진 접근 절차(Straight-In)를 지원할 수 있다. 그러나 접근 최저치라는 것은 지형에 영향을 방기도 하고, 공항의 물리적인 특성이나 항공등화(Lighting)와 같은 공항 기반 시설의 영향을 받기도 한다. 따라서 국가들은 새로운 위성항법 접근절차나 더 적은 최저치를 갖는 접근 절차를 수립함에 있어 공항 기준을 충족시키는 비용적인 측면에 대해서 반드시 고려해야 한다.

1.5.4 항로 비행구역이나 공항 비행구역에서 위성항법에 기반을 둔 서비스로부터 이점을 극대화하기 위해서는 모든 항공기들이 위성항법 기술을 처리할 수 있는 탑재장비를 가지고 있어야 한다는 것을 인식할 필요가 있다. 이행에 대한 결정은 항공사의 탑재장비 계획을 반드시 참작해야 하는데, 그런데 그들이 그런 결정을 하기 위해서는 탑재장비를 통해 얼마나 비용 경감을 할 수 있는지에 달려 있을 것이다. 항공서비스(ANS) 제공자들과 항공사들은 위성항법 기술 분야에서 같이 협조하고 투자를 조정해야 할 것이다.

Chapter 2

위성항법 시스템 성능 요건 [Performance Requirements]

Global Navigation Satellite System(GNSS) Manual

2.1 일반사항[General]

2.1.1 PBN 항법 제원은 특정 공역 개념을 지원하는데 필요한 정확성(Accuracy), 무결성(AiIntegrity), 가용성(Availability), 연속성(Continuity) 그리고 기능성(Functionality)을 정의하고 있다. 기능적인 요구사항은 다음을 포함하는데 : 계획된 경로 대비한 위치 표시 ; 거리 표시 ; 설정된 중간 지점(Way Point)까지의 방위각 및 시간 ; 데이터베이스 요구사항 ; 적절한 실패 표시 등이다.

2.1.2 위성항법 SARPs를 개발함에 있어서, 전체적인 시스템 요구사항은 특정 지점의 성능 요구사항을 도출하는 시작점 역할을 했다. 동시에 여러 대의 항공기에 영향을 미치는 저하된 성능 역시 고려되어야 할 요소이다.

2.1.3 상세한 성능 요구사항 디자인은 Annex 10, Volume I-「Radio Navigation Aids, Chapter 3, Table 3.7.2.4-1」에서 소개하고 있다. 이 장에서는 이러한 기준과 서비스 수준에 대한 관계 등을 기술하고 있다.

2.2 요구사항[Requirements]

2.2.1 정확도[Accuracy]

2.2.1.1 위성항법 위치정보의 정확성은 제공된 위치정보와 계산된(원래의) 위치정보와의 차이로 정의될 수 있다.

2.2.1.2 VOR이나 ILS와 같은 지상 기반 시스템은 상대적으로 시간에 영향을 받지 않는 특성을 갖는다. 그러므로 이러한 지상 기반 시스템의 특성은 비행검사 과정을 통하여 측정될 수 있어야 하고, 비행검사 이후에도 신호가 정확하다는 것을

보증하기 위하여 전자 장비에 의해 지속적으로 모니터링 되고 있어야 한다. 그러나 위성항법의 오류는 위성의 움직임이나 전리층 효과와 같은 이유로 시간에 따라 변할 수 있다. 보정 시스템들은 이러한 변화를 감지하고, 이를 보상하기 위해 설계된다.

2.2.2 무결성 및 경보 시간[Integrity and Time-to-Alert]

2.2.2.1 무결성은 전체적인 시스템이 제공하는 정보가 정확한 정보인지, 또한 얼마나 신뢰할 수 있는지에 대한 척도이다. 무결성을 갖춘 시스템은 시스템이 해당 목적으로 사용되어서는 안 되는 경우에 사용자에게 경고할 수 있는 능력을 갖춘 시스템을 말한다. 계기착륙시설[ILS]과 같은 기존 재래식 시스템의 경우, 신호의 정확성은 미리 설정된 측정치[Point]를 기준으로 감시[Monitoring]된다. 이에 반해, 계산된 지점[Computed Position]에서의 오류를 보장하기 위해서 다소 복잡한 계산을 수행하는 항공기의 항법시스템을 기반으로 하는 GNSS시스템의 무결성은 현재 운영에 허용된 최대값을 초과하지는 않는다.

2.2.2.2 각각의 운영과 관련된 무결성 레벨은 수직유도를 포함한 수평/측위 & 수직경보한계치[Horizontal Alert Limit : HAL/Lateral Alert Limit : LAL & Vertical Alert Limit : VAL]을 위한 특정한 수평/수직[Horizontal/Vertical]절차별로 설정된다. 여기에서 수평경보한계치/수평보호레벨[Horizontal Alert Limit/Horizontal Protection Level]이라는 용어는 ABAS와 SBAS에 적용되는 반면에 측위경보한계치/측위보호레벨[Lateral Alert Limit/Lateral Protection Level]은 GBAS에 적용되는 용어이다. 한편, 보호레벨값[Protection Levels]은 위치오류정보[Position Errors]에 대한 신뢰할 수 있는 상한치[Maximum Positon]를 나타내며, 경보한계치[Alert Limit]는 정상적인 시스템 운영을 허용하는 위치정보에 대한 최대 에러 한계값[Maximum Position Error]을 나타낸다. 만약, 어떤 보호 레벨이 경보 한계치로 초과될 경우 항공기 항법시스템으로 전송됨과 아울러 승무원은 설정된 후속절차를 따라야 한다. ADS-B 무결성 기타 다른 기준자료상에 GNSS 경보 한계값으로 제시되어 있다.

2.2.2.3 경고를 알리는데 소요되는 시간[Time-to-Alert] 은 무결성의 요건으로써, 시스템 장애가 발생된 후 항공기내에 공지될 때까지 소요되는 총 시간을 의미한다.

2.2.2.4 시스템 운영 방식과 비행단계는 경보한계치와 경보신호를 승무원에게 전달되기까지 소요되는 시간 등과 관련된 최대로 허용 가능한 수평/측위 및 수직적인 에러[Error]를 지시한다. 이와 같은 신호 허용치 기준은 Table 2-1 상에 제시되어 있으며, Annex 10 Table 3.7.2.4-1에서 인용되었다.

2.2.3 연속성[Continuity]

2.2.3.1 연속성[Continuity]이란? 시스템이 확률로 표현되는 의도된 운영 동안에 예기치 않은 중단 없이 자체 기능을 수행할 수 있는 능력을 말한다. 예를 들어, 전체적인 계기착륙절차가 진행되는 동안 유도정보 신호를 중단 없이 지속적으로 계속해서 높은 가능성을 갖고 사용할 수 있어야만 한다. ABAS시스템의 경우, 연속성은 정보를 받을 수 있는 인공위성의 수량에 달려 있다. 그리고 GBAS와 SBAS의 연속성은 신호 보정시스템 구성의 여분에 달려있다.

2.2.3.2 연속성의 요건[Continuity Rquirements]은 낮은 교통량을 갖는 항로 공역상에서의 긴급성은 다소 낮게 평가 될 수 있으나 그러나 장애로 인해 수많은 항공기에게 영향을 미칠 수 있는 지역으로써, 교통밀도가 매우 높고, 공역이 매우 복잡한 지역에서 긴급성은 다소 높게 평가될 수가 있다. 특히 연속성의 요건은 접근절차 운영지역에서 보다 큰 긴급성을 내포한다.

2.2.3.3 항로 및 터미널지역에서의 항공기 항법을 지원하기 위해 GNSS신호의 의존도가 높은 지역에서 항법 서비스 손실(또는 중단)에 따른 긴급성 완화 대책은 대체 항법수단 또는 레이더를 통한 항공교통관제 절차를 통해 달성될 수가 있다. 한편, GNSS시스템이 ADS-B 위치정보를 제공하기 때문에 ADS-B 시스템만으로 감시기능을 선택할 수는 없다.

2.2.3.4 GNSS기반 수직유도접근절차[Approach Procedure with Vertical Guidance] 및 CAT-I 급 계기착륙절차가 시행되는 경우 실패접근[Missed Approach] 절차는 항공기가 접근을 위한 결심고도로 하강할 때마다, 그리고 승무원이 시각적 기준신호로 연속해서 사용이 불가할 때마다 발생이 되기 때문에 정상적인 절차로 간주된다. 이와 같은 절차 운영 시 연속성의 요건은 서비스 손실 관련 평균 위험(시간 경과)으로 적용이 되며, 노출시간[Exposure Time]이 15초까지는 정상으로 간주된다. 따라서, 제공된 서비스 또는 접근절차의 안전성에 필요적으로 영향을 미치지 않은 상태에서는 평균요건을 초과할 수는 있다. 하나

의 시스템에 대해 수행된 안정성 평가는 계속해서 서비스를 제공하는 것이 일시 보류하는 것보다 안전하다는 평가로 명시된 상황 하에서만이 결론으로 도출된다. 항공고시보[Notice to Airmen : NOTAM]으로 처리된 예정된 장애는 연속성을 산출하는 항목에서는 고려되지(또는 포함되지) 않는다.

2.2.4 가용성[Availability]

2.2.4.1 어떤 서비스에 대한 가용성[Availability of a Service]이란? 시스템에 의해 동시에 요구된 정확도[Accuracy]와 무결성[Integrity]을 제공하는 시간의 일부를 의미한다. 사실상, 무결성은 항상 가용성을 결정한다. 일부 응용프로그램[Application]은 서비스 사용 가능성을 고려하는데 필요한 명확한 영속성 요건[Continuity Requirements]을 갖추고 있다. 탐지 가능지역에서의 인공위성의 움직임[Movement]은 인공위성을 통한 서비스 장애와 연결되는 잠재적인 지연으로 GNSS에 대한 가용성 평가를 복잡하게 만든다. 특정 시간대의 특정 공역상에서의 가용성 수준[Level of Availability]은 측정 절차를 통하기 보다는 설계, 분석, 모형제작[Modelling]을 통해 결정되어야만 한다. 한편 신뢰성[Reliability] 및 가용성[Availiability]과 관련된 지침자료는 Annex 10, Volume I, Attachment F에 제시되어 있다.

2.2.4.2 Annex 10, Volume I, Chapter 3, Table 3.7.2.4-1에 명시된 가용성에 대한 기준[Specifications]은 모든 비행단계에서 유효한 값의 범위를 나타낸다. 체약국들은 특정 공역에 대한 가용성 기준(또는 제원)을 설정할 경우에는 비행 및 항공교통관제[ATC]절차를 포함한 교통밀도, 이용 가능한 기존 재래식 항법 시스템, 레이더 감시 가능거리, 잠재적 기간[Potential During] 및 서비스 제공이 불가[Outage]한 지리적 지역에 대한 크기 등을 고려하여야 한다.

Table 2-1. 공간상에서의 위성항법 성능 요건 또는 기준
[Signal-in-Space Performance Requirements]

	Operation						
	Oceanic En-Route	Continental En-Route	Terminal	Non-Precision Approach (NPA)	Approach Procedure with Vertical Guidance (APV)		Category I (CAT I)
					APV-I	APV-II	
Horizontal Alert Limit	7.4km (4NM)	3.7km (2NM)	1.85km (1NM)	556m (0.3NM)	40m (130ft)	40m (130ft)	40m (130ft)
Vertical Alert Limit	N/A	N/A	N/A	N/A	50m (164ft)	20m (66ft)	35 to 10m (115 to 33ft)
Time-to-Alert	5min	5min	15s	10s	10s	6s	6s

Note 1. 본 Chart상에 제시된 기준은 ABAS를 기반으로 하는 비정밀접근절차[Non-Preceision Approach : NPA], 측위항법절차[Lateral Navigation] 시정 최저치를 명시한다. 여기에는 SBAS를 기반으로 하는 또 다른 비정밀접근절차[NPA]를 통해 40m 수평경보한계치[Horizontal Alert Limit]로 설정된 Localizer 성능을 얻을 수 있다. 이 경우 Charter상에는 Localizer 성능[Performance] 시정 최저치로 명시된다.

Note 2. SBAS를 기반으로 하는 수직유도정보를 갖춘 접근절차[Approach Procedure with Vertical Guidance : APV]는 수직유도정보를 갖춘 Localizer 성능[Loocalizer Performance with Vertical Guidance : LPV] 절차에 따른 시정 최저치로 명시된다. 본 절차들에 대해서는 APV-I, APV-II, 또는 CAT-I 경보 한계값[Alert Limit]으로 설정되어 운영될 수 있다. 본 경보 한계값들[Alert Limits]은 항공기 항법시스템용 데이터베이스에 저장이 되어 운영된다. 체약국에서는 CAT-I으로 운영하는 경우 APV-I 운영 경보 한계값은 신호 커버리지의 가장자리[Edge of Coverage]에 근접된 지점에 설정하여 운영한다.

Note 3. 본 수직정보를 갖춘 접근절차[Approach Procedure with Vertical Guidance : APV]는 LNAV/VNAV최소 시정치로 기압계[Baro]에 의한 수직항법정보를 갖춘 GNSS 측위정보[Lateral]를 사용하는 접근절차 등을 포함한다. 이와 같은 경우, 기압계를 갖춘 VNAV 무결성을 설정할 기술적인 방법이 없기 때문에 통상 ABAS기반 NPA 및 수직경보 한계값은 적용될 수 없다. 접근절차상에서는 항법성능기반[Performance-Based Navigation : PBN] Manual[Doc 9613]에 명시된 기압계[Baro] VNAV절차 관련 기술 성능이 제시되어 있다.

Chapter 3

GNSS관련 기존 주요 핵심 위성군 [Eixisting Core Satellite Constellations]

3.1 일반사항[General]

GPS 및 GLONASS 인공위성에서는 궤도상의 매개변수[Prameters]인 위치추산[Ephemeris] 데이터를 포함하고 있는 매우 정밀한 시간 및 데이터 메시지를 공간에 전송[Broadcast]하는 역할을 수행한다. 만약 수신기상의 시각[Clocks]이 매우 정확한 인공위성 시각[Clocks]으로 완전하게 동기화가 이루어질 경우, 수신기는 3대의 인공위성으로부터의 자체 거리를 확인함으로써, 자체적으로 3차원적인 위치정보를 계산할 수가 있다. 실제적으로, 이와 같은 방법을 통해 인공위성에서 시각[Clocks] 정보를 송신하는 시간에 인공위성의 위치뿐만 아니라 적어도 4대의 인공위성에 대한 의사거리[Psedo-Ranges]를 계산할 수가 있다. 4대의 위공인위성에 대한 의사거리를 확인함으로써, 수신기는 시각 편차[Clocks Offset]를 계산할 수가 있다. 이때, 정확도는 측정거리를 포함해 사용된 인공위성에 대한 기하학적인 상대 위치 등에 대한 정밀도가 어느 정도인 지에 좌우된다. 이와 관련하여, 기하학상 이상적인 조건은 인공위성이 넓게 떨어져 있을 때 나타난다. 즉, 인공위성들이 한 방향으로만 일직선상에 위치해 있을 경우에는 정밀한 측정이 불가[Poor]하다. 따라서, 한 개 이상의 인공위성군[Constellation] 연계될 경우만 위성항법 성능[GNSS Performane]을 강화시킬 수가 있다.

3.2 글로벌 위치정보 시스템[Global Positioning System : GPS]

3.2.1 미공군에서는 미국정부를 위해 GPS를 운영하고 있다. 1994년도 경에서 미국은 국제민간항공의 필요성을 지원하기 위해 GPS를 통한 표준 위치정보 서비스[Standard Positioning Service : SPS]을 제안하였으며, 2007년도 경에는 다

음과 같은 제안을 재확인하였다. 즉, "미국정부는 GPS 표준위치정보[SPS] 관련 서비스를 이용하기 위한 시스템 개발 및 설치를 위해 필요한 정보들에 대한 자유로운 접근은 물론 전세계적으로, 사용자가 사용요금 부과없이 우주기반 위치항법 및 시간정보 서비스 제공을 위해 GPS신호를 지속적으로 제공하기 위한 약속을 유지한다"라고 명시하고 있다." 이에 대해, "ICAO 이사회에서는 이와 같은 두 가지 제안을 받아들였다. 미국은 서비스 약정을 확인(정의)하는 GPS 성능기준 [Performance Standards]을 발간하여 유지하고 있다.

3.2.2 일반적으로 공간상에서의 GPS는 6개 궤도상에 24의 위성들로 구성되어 있다. 각각의 GPS 인공위성들은 고도 20,200Km(10,900NM), 적도와의 경사각 [Inclination Angle]이 55도인 인접 궤도상을 12시간에 걸쳐 공전을 완주한다. GPS 신호 제어용 시스템은 인공위성으로의 송신 성능[Uplink Capabilities]을 갖춘 4개의 지상 안테나를 포함한 17개 모니터 기지국[Monitor Stations] 등으로 구성된다. 이중 모니터 기지국에서는 GPS 수신기들을 통해 시각적인 조건하에서 모든 인공위성을 추적함과 아울러 인공위성까지의 거리정보를 수집한다. 중앙제어기지국[Master Control Station]에서는 인공위성의 시각과 궤도상태들을 결정하기 위함과 아울러 각각의 인공위성에 대한 항법관련 메시지[Navigation Message]를 갱신[Update]하기 위한 정보를 처리한다. 최종적으로 갱신된 정보는 지상의 안테나를 통해 인공위성으로 송신됨으로써, 또한 생생[Health]한 제어정보[Control Information]를 송/수신하기 위한 데 사용된다.

3.2.3 항법 관련 메시지는 다음과 같이 3개의 주요 성분 요소[Components]로 구성된다. 첫 번째 성분 요소 상에는 GPS 날짜 및 시간을 포함해 인공위성의 상태 및 자체의 생생한 상태를 나타내는 징후를 포함을 포함한다. 그리고, 두 번째 성분 요소 상에는 지상에서의 수신기가 인공위성의 위치를 계산할 수 있게 지원하는 궤도력[Ephemeris] 데이터로 명명된 궤도정보를 포함한다. 마지막으로, 세 번째 성분 요소 상에는 연감[Almanac]으로 명명된 모든 인공위성들에 대한 위치를 비롯해 무작위 의사 노이즈[Pseudo-Random Noise : PRN] 코드를 제공함으로써, 지상의 수신기로 하여금 인공위성이 시야 상에 나타나는 것이 결정되도록 유도한다.

3.2.4 L1 주파수(1,575.42MHz)에 대해 개략적으로 수집된 코드[Coarse/Acquisition (C/A) Code]를 사용하는 GPS 표준 위치정보[Standard Position Service :

SPS] 신호는 글로벌 사용자들에게 정확한 위치정보를 제공하도록 설계되었다. 그리고, 다음으로, L2(1,227.60MHz)주파수에 대해 정밀코드[P-Code]를 사용하는 정밀 위치정보 서비스[Precision Positioning Service : PPS] 신호는 보다 정확한 위치정보 능력을 제공하고는 있지만, 그러나 인가된 정보기관들에 대해서는 사용이 제한되도록 암호화되어있다. 본 GPS 시스템은 무작위 의사 노이즈[Pseudo-Random Noise : PRN] 코드 신호를 송신함으로써, 차별화된 [Differntiated] 동일한 주파수에 대해 모든 인공위성이 송출하는 것을 의미하는 코드분할다중접근[Code-Division-Multiple-Access : CDMA]신호를 사용한다.

3.2.5 GPS SPS 관련 성능 기준상에서는 민간사용자들에게 관련된 성능수준을 정의하고 있다. 인터페이스 제원(또는 사양) IS-GPS 2000자료상에는 SPS L밴드 Carrier 및 C/A Code에 대한 기술적인 특성을 포함한 GPS 인공위성군 [Constellation]과 SPS 수신기들 간의 요구조건 관련 기술적인 정의 등에 대해 상세히 기술되어 있다. 성능 기준[Performance Standard]은 단지 21개 인공위성만이 궤도 슬롯[Orbital Siot] 시간의 98%로 운영이 보증된다는 점에서 다소 보수적이라 할 수 있다. GNSS기반 설계는 다소 보수적인 보증에 기초되어야 하지만, 그러나 이것은 대부분의 서비스 가용 시간이 가용성 수준을 초과함을 의미한다. 한편 운영 중인 인공위성의 총 수는 30대를 초과한다. 본 GPS는 1993년부터 계속해서 기존 성능 기준을 준수해 왔다. 부가적인 정보는 GPS Website [www.gps.gov/system/gps/performance]에서 확인이 가능하다.

3.2.6 GNSS기반 서비스는 1993년경에 GPS 시스템이 충분한 운영성능에 도달하였을 때 소개되어 계속해서 이러한 모든 서비스를 지원하고 있다. 게다가, GPS 성능기준 가용성은 시스템 제작사들을 비롯해 국가 규정자 및 항공항법시스템 제공자들로 하여금 항공기 항법시스템을 개발 및 운영하도록 유도하였다.

3.2.7 미국은 GPS 및 보강시스템[Augmentation Systems]의 추가 개발에 따른 효과를 부각시키기 위해 다음과 같은 우주를 기반으로 하는 위치, 항행 및 시간 [Positioning, Navigation, Timing : PNT] 정보 등 관련정책[see http://www.gps.gov]을 개발해 왔다.

a) GPS 및 보강시스템[Augmentations]을 전세계의 시스템 사용자들에게 계속해서 직접 무료로 제공한다.

b) 사용자 시스템 개발을 위해 필요한 정보를 자유로이 열람을 제공할 수 있도록

개방한다.

c) GPS 및 보강시스템[Augmentations]에 대한 성능을 향상시키다.

d) 국제적인 시스템[International Systems]이 민간용 GPS 및 보강시스템과 상호 정보교환 또는 최소한의 호완이 보장되도록 추구한다.

3.3 글로벌 위성항법시스템[Global Navigation Satellite System : GLONASS]

3.3.1 본 GLONASS 시스템은 러시아 연방 국방부가 운영하고 있다. 러시아연방 우주국은 GLONASS 시스템에 대한 유지보수 및 개발을 비롯해, 민간용으로 적용방안 및 적절한 국제간의 협조 등과 관련한 활동을 위한 조정자로 지정이 되었다. 1996년도 경에 러시아연방국가는 다음과 같이 GLONASS 시스템을 민간항공을 위한 서비스를 제공할 것을 제안했다. 이와 관련하여, 러시아 연방정부를 대신해 제10회 항공항법 회의에서는 사용자들로부터 직접 요금을 징수하지 않고 최소 15년 이상은 세계적인 항공 공동체를 위해 GLONASS 시스템 채널을 표준 정확도로 제공한다는 제안을 확정하였다. 따라서, ICAO사무국에서는 이 같은 제안을 승인했다.

3.3.2 명목상 GLONASS 인공위성은 우주공간에서 총 24대를 포함해 여러 대의 예비용 시스템으로 고도 19,100Km(10,310NM)에서 11시간 15분 주기로 궤도비행을 수행하고 있다. 본 GLONASS 인공위성은 8대가 120도 간격으로 일정하게 분리된 상태에서 적도를 중심으로 64.8도의 경사각을 갖는 3개의 궤도상을 각각 비행한다. 본 GLONASS 시스템은 자체 인공위성을 통해 송신된 무선주파수[Radio Frequency : RF]신호의 시간변환[Transit Time]에 따른 도플러효과[Doppler Shift]에 따라 결정되는 3차원 위치 및 속도[Three-Dimensional Position and Velocity]정보를 제공한다.

3.3.3 각각의 GLONASS 인공위성들로 송신되는 항법 관련 메시지는 위성의 위치 좌표 정보를 포함한 속도 및 가속도벡터 구성요소들[Acceleration Vector Components], 인공위성의 성능 상태정보[Health Information] 및 자체 인공위성 시스템 시간에 교정[Corrections]정보 등으로 구성된다. GLONASS 인공위성에서는 항법자

료 메시지를 포함하는 표준 정확도채널[Channel of Standard Accuracy : CSA] 코드로 변조된 L1주파수대역[1,559~1,610MHz]를 통해 항법신호를 송출한다. 본 GLONASS 시스템의 데이터 신호 전송방식은 주파수 분할 다중 접속[Frequency Division Multiple Access : FDMA] 방식을 기반으로 하고 있다. 즉, 따라서 각각의 인공위성에서는 서로 다른 주파수를 통해 Carrier신호를 전송한다. 그리고, GLONASS 수신기는 각각 다르게 할당된 주파수를 통해 가시적으로 확인이 되는 모든 인공위성들로부터 자체적으로 Channels를 추적하기 위해 총 입력되는 신호를 분리한다. 특히 본 시스템은 FDMA전송방식을 사용함으로써, 각각의 GLONASS 인공위성들이 동일한 CSA 코드로 송신이 되도록 유도한다.

3.3.4 항법 데이터 메시지는 나머지 인공위성군에 대한 정보를 갖춘 위성 송신 상태 정보를 제공한다. 사용자 관점에서 볼 때, GLONASS 인공위성 전송 시의 주요 요소는 시각 보정 매개변수[Clock Correction Parameters]와 위성 위치 정보[Ephemeris] 등이 이에 해당된다. GLONASS 시각 보정들은 조정된 국제시간[Coordinated Universal Time : UTC]으로 언급되는 개개의 인공위성 시간과 GLONASS 시스템 시간간의 차에 대한 세부적인 데이터를 제공한다.

3.3.5 인공위성 위치 정보[Ephemeris Information] 상에는 3차원공간상에서의 지구중심으로 한 지구 고정점을 포함한 각각의 위성에 대한 30분마다 이동 속도 및 가속도 등에 대한 정보들이 포함된다. 30분간의 측정시간 동안에 사용자는 측정시간 전/후로 표시된 30분부터 위치, 속도, 가속도 등 정보를 사용하여 인공위성의 좌표를 보간[Interpolates]한다.

3.3.6 본 GLONASS 제어단[Control Segment]에서는 부호화된 위성항법신호로 변조되는 항법신호를 결정하는 위성감시 및 제어기능 등을 수행한다. 본 제어단에는 중앙제어소[Master Control Stations]을 포함한 감시 및 데이터 전송국[Upload Stations]이 포함된다. 중앙제어국[Master Control Station]에서는 각각의 감시국[Monitoring Station]으로부터 수신된 측정데이터를 처리함과 아울러 전송국[Upload Station]에서 위성으로 전송되는 항법 관련 데이터[Navigation Data]를 계산[Computes]하는 역할을 수행한다. 본 시스템을 운영할 경우에는 GLONASS 시스템 시간[Time]과 위성 시각[Clocks]과의 정밀화된 동기화가 요구된다. 이와 같은 동기화를 달성하기 위해 중앙제어국에서는 시각 보정용 매개변수[Clock Correction Parameters]을 제공(또는 지원)한다.

Chapter 4

보정 시스템 [Augmentation Systems]

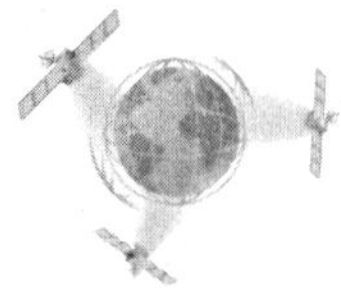

Global Navigation Satellite System(GNSS) Manual

4.1 일반사항[General]

현재 기존의 핵심적인 인공위성군[Satellite Constellations]은 ICAO Annex 10 상에 명시된 운영성능기준을 준수하기 위해서는 ABAS를 포함한 GBAS 및 SBAS 시스템을 통한 보정[Augmentation] 과정을 필요로 한다. 항공기상에 탑재된 GNSS 항법시스템에서는 부록 A에 수록되어 있는 항공기 항법시스템 관련 기준치 자료상에 명시된 요건을 준수하기 위해 이와 같은 핵심위성군을 포함한, GBAS 또는 SGAS 신호를 이용할 수 있는 지역에서 수신된 신호를 처리한다.

4.2 항공기 기반 보정시스템[Aircraft-Based Augmentation System : ABAS]

4.2.1 ABAS시스템은 항공기 탑재장비에 이용 가능한 정보를 갖추고 있는 핵심적인 인공위성군으로부터 송신된 신호를 처리는 항공기내에 탑재된 보정시스템을 말한다. 많은 국가들은 기반시설과 관련하여 어떤 비용도 지출함이 없이 서비스를 향상시키기 위해 GPS/ABAS의 장점을 이용하고 있다.

4.2.2 무결성 모니터링 방식에는 다음과 같이 일반적으로 2가지 등급으로 분류된다. 먼저 한 가지는 배타적으로 GNSS정보를 이용하는 수신기 자체의 무결성 모니터링[Receiver Autonomous Integrity Monitoring : RAIM] 시스템이 해당되며, 나머지 하나는 관성 기준 시스템[Inertial Reference Systems : IRS]과 같은 부가적인 항공기 탑재센서[On-Board Sensors]의 정보를 이용하는 항공기 자체의 무결성 모니터링[Aircraft Autonomous Integrity Monitoring : RAIM] 시

스템이 이에 해당된다.

4.2.3 본 ABAS 시스템은 오류 감지[Fault Detection : FD] 또는 오류 감지 차단[Fault Detection and Exclusion : FDE] 기능을 지원하기 위해 여유범위측정[Redundant Range Measurement]기능을 사용하는 무결성 모니터링[Intrgrity Monitoring]기능을 제공한다. 오류 감지[Fault Detection]의 목적은 인공위성의 허용범위 초과로 인해 발생되는 잠재적인 위치정보 오류[Potential Position Error]정보를 검파하기 위한 데 있다. 이 경우, 오류 감지시 항법 기능은 차단된다. 오류감지차단[FDE] 기능을 갖는 항공기 항법전자시스템[Avionics]은 오류가 발생된 인공위성을 확인 후 차단시킴으로써, GNSS에 의한 항법신호 서비스 제공은 중단없이 이루어짐과 아울러 양호한 시야로 충분한 성능을 갖춘 인공위성의 기능이 제공된다.

4.2.4 ABAS의 필수적인 요소는 최소로 수신기 자체의 무결성 모니터링 오류감지[RAIM FD] 기능으로 항로, 터미널 비정밀접근절차[NPA]를 지원하는 기본적인 GNSS 수신기를 말한다. 항공기 항법시스템에 대한 전반적인 성능을 향상시키기 위해서는 GNSS수신기가 감지기[Sensor]로서 통합된 항법시스템에 통합될 수도 있다.

4.2.5 기본적인 GNSS 수신기는 미연방항공청[United States Federal Aviation Administration : FAA]의 TSO-C129A 또는 유럽항공안전국[European Aviation Safety Agency : EASA]의 ETSO-C129c(또는 동급)에서 개정된 대로 RTCA/DO-208 또는 EUROCAE ED-72A과 Annex 10에 명시되어 있는 GPS수신기에 대한 요구조건(또는 기준)을 준수한다. 이들 기준 자료상에는 항로[En-Route]절차를 포함한 터미널 및 비정밀접근[NPA]절차에 대한 최소한의 성능 기준들이 명시되어 있다. RAIM기능은 RNP 제원상에 규정된 항공기 탑재용 성능감시[On-Board Performance Monitoring] 및 경보[Alerting]기능에 대한 PBN 성능기준을 만족한다. 결합된 GLONASS/GPS 항공기 탑재수신기들은 러시아 연방에서도 사용되고 있다.

4.2.6 RAIM FD에 덧붙여, 기본적인 GNSS 수신기는 읽기 전용 전자항법 데이터 베이스를 통해 접근절차들에 대한 검색 및 예상 전환[Turn Anticipation]기능을 지원해야만 한다. 수신기 설계는 만약 항공기 승무원이 접근절차 부분인 Waypoint 지점을 변경하거나 삭제할 경우 사용자가 정의된 Waypoint에 대해서는 접근절

차가 허용되지 않아 결국 수신기는 접근절차 모드[Approach Mode] 입력[Enter]이 되지 않을 것이다.

4.2.7 RAIM 기능이 오류 신호를 검파하고 승무원에게 경보신호를 알려주도록 하기 위해서는 적어도 양호한 기하학적인 위치를 갖춘 5대의 인공위성에 의한 충분한 범위측정[Range Measurements] 성능이 요구되며, 오류감지차단[Fault Detection and Exclusion : FDE] 기능에 대한 성능을 위해서는 6대의 인공위성이 필요하다. RAIM FDM에 대한 가용성[Availability]은 핵심위성군[Core Constellations]의 궤도 특성[Natural]으로 인해, 중간고도 운영지역에서는 다소 낮게[Lower]나타나는 반면에 적도와 고고도 지역에서는 다소 높게 나타난다.

여기에서, 충분한 신호[Redundant Signal]에 대한 요건[Requirement] 란? RAIM에 의해 제공된 무결성을 갖춘 항법 유도 안내 정보[Navigation Guidance]가 주어진 시간 동안에 100% 가용이 될 수 없을 수도 있다는 것을 의미하는 것으로써, 이와 같은 상황에서 GPS/RAIM에 대한 승인들은 대개 운영 제한을 받는다.

4.2.8 기압 고도계는 RAIM FDE기능에 필요한 인공위성들의 수를 하나로 줄이는 추가 측정을 제공하는데 사용될 수 있다. 기압계가 인공위공을 시간적인 충분히 확인될 수 있을 때 가용성을 증가시키는 데에는 도움이 될 수는 있으나, 그러나, 동위성들에 대한의 3차원 공간에서의 기하학적[Geometrry] 조건하에서는 무결성 기능을 지원하기에는 부정당하다. 따라서, RAIM 기압계는 측위/수직 항법[LNAV/VNAV] 최저치[Minima]에 대한 수직유도절차 기능을 갖춘 접근절차를 지원하는데 사용되는 Baro VNAV 절차 기능과는 다르다는 것을 참고한다.

4.2.9 RAIM FDE 알고리즘에 대한 입력 대상은 측정노이즈[Measurement Noise]의 표준편차[Standard Deviation]를 포함한 오류경보[False Alert] 및 손실된 검파[Missed Detection]기능에 대해 최대 허용확률[Maximum Allowable Probabilities] 및 측정기하학[Measurement Geometry] 등이 이에 해당된다. 이에 반해, 알고리즘에 대한 출력 대상은 명시된 무결성 요건[Integrity Requirement] 범위 내에서 지시된 수평위치[Indicated Horizontal Position]를 실제 항공기 위치의 중심에 있는 원의 반지름[Radius of a Circle]에 해당되는 수평 보호 수준[Horizontal Protection Level : HPL]이 이에 해당된다. 여기에서 HPL값은 통상적으로 어떤 위치 에러[Position Error]보다도 상당이 크게 나타나지만, 그러

나 자체 값은 위치 무결성[Position Integrity]에 대한 핵심적인 실마리가 된다는 데에 대해서는 참고 되어야만 한다.

4.2.10 RAIM 경보[Alert]는 인공위성이 3차원 공간에서 취약한 지점[Poor Geometry]에 위치해 있을 때 발생되어, 급기야 수평 보호 수준[Horizontal Protection Level : HPL]이 수평 경보 한계치[Horizontal Alert Limit]를 초과하도록 만드는 원인이 된다. 이 경우, 결국 오류가 발생된 인공위성을 검파하기 위한 능력(또는 기능)은 손실된다. 운영방식에 따라 수평 경보 한계치[Horizontal Alert Limit : HAL]가 설정이 되는데, 특히, 비정밀절차[Non-Precision Approach : NPA]가 적용되는 항로 비행 절차 구간에 대해서는 2NM로 설정이 됨과 아울러 터미널 접근절차 구간의 경우에는 1NM로, 그리고, 최종접근절차 구간은 0.3NM로 각각 설정이 되어 운영된다. RAIM 알고리즘을 통해 오류가 발생된 인공위성을 검파하는 기능은 만약, 수신기가 오류 검파 배제[Fault Detection and Exclusion : FDE] 성능을 갖추고 있지 못할 경우엔, 결국, GNSS 항법성능이 상실되어 있음을 알리는 경보를 작동되게 할 것이다.

4.2.11 몇몇 국가들은 기존 재래식 시스템에 대한 설치가 불가한 자국내 공역을 포함한 대양 및 원격지역에 한해 오직 항법시스템 서비스 전용으로써, GPS를 사용하는 것에 대해 승인을 해왔다. 이와 같은 경우, 동 지역들로 취항하는 항공기의 항법시스템 상에는 오류감지 차단[Fault Detection and Exclusive]기능이 추가적으로 요구된다. 이 같은 승인절차 하에서 상업용 항공기는 연속성[Continuity] 보장하기 위해 주, 예비로 구성된 2대의 시스템들을 수송해야만 할 필요성이 있을 수도 있기 때문에 항공기 운영자들은 계획된 비행과정 내내 서비스를 지원하기 위해 인공위성 충분한 시야에 위치되도록 보장하기 위한 비행 전 예측상황들을 수행해야만 한다.

4.2.12 2000년 5월 1일까지 미국에서는 정확도 성능이 저하된 GPS시스템의 경우에는 선택적 가용성[Selective Availability : SA]이라고 하는 호칭이 부여된 특징을 적용키로 하였다. 이와 같은 선택적 가용성에 따른 중단 정책에 따라 결국 GPS 정확도를 즉시 향상[Improve]시키는 계기가 되었다. 4.3.2 조항에 명시된 대로, 이뿐만 아니라, 일부 수신기 설계 시 무결성에 따른 가용성을 훨씬 높이는 계기가 되었다.

4.2.13 GNSS 정보는 항법 성능을 향상시키기 위해 비 위성항법 정보[Non-GNSS

Information]와 통합될 수 있다. 한편 다중거리측정장비[Multiple Distance Measuring Equipment : DME] 입력신호를 이용하는 관성항법기준장치[Inertial Reference System : IRS] 또는 지역항법시스템[Area Navigation System]은 인공위성의 기하학적인 조건이 취약한 단 기간 또는 항공기가 비행 중 항공기 자체 하부구조로 인해 GNSS 안테나가 차폐될 경우 별도의 특별한 조치없이 자동적으로 사용이 될 수 있다. 그리고 단기간의 정확도를 갖춘 IRS 시스템과 GNSS FD or FDE긴을 병행 사용하여 비행이 이루어질 경우, 만약 이온층[Ionospheric] 또는 전파방해[Jaming] 등 영향에 따른 GNSS 신호 손실에 대한 피해는 완화시킬 수가 있다. 특히 이들 항공기 탑재 보정시스템[Augmentations] 기준은 미국 FAA TSO-C115A 기준자료상에 제시되어 있다.

4.3 인공위성 기반 보정시스템[Satellite-Based Augmentation System : SBAS]

4.3.1 SBAS system 구성[Architecture] and 운영[Operation]

4.3.1.1 본 SBAS 시스템은, 핵심적인 인공위성군[Core Satellite Constellations]으로부터 수신된 정보를 무결성 및 보정 신호[Integrity and Correction Information]로 보강[Augment]하여 제공함은 물론 일부 시스템들은 부가적으로 보정된 범위정보들[Ranging Signals]을 제공한다. 그리고 SBAS 기준국[Reference Stations]에서는 넓은 지역에 걸쳐 모니터 핵심 인공위성군 신호를 배분(또는 공급)함은 물론 중앙국[Master Stations]에 연속적으로 데이터를 제공한다. 또한 중앙국에서는 본 데이터를 사용하여 인공위성 신호의 유효성[Validity] 평가를 비롯해 각각의 GPS위성으로부터 수신된 위성의 위치[Ephemeris] 및 시각 정보[Clock Data]들에 대한 보정값을 계산한다. 본 SBAS 중앙국에서는 또한 지구의 전리층[Ionosphere]에 유발된 범위 지연[Rangeing Delay] 값을 추정함과 아울러 미리 결정된 전리층 격자[Grid] 지점에 적용할 수 있는 보정값을 계산한다. 이와 같은 보정값을 제공하는 역할 수행 외에 부가적으로, 중앙국에서는 보정과정에서 나타날 수 있는 불확실성을 제한[Bound]하는 매개변수[Parameters]를 평가한다. 한편 각각의 위성에 대

한 사용자 차등 범위 오류[User Differential Range Error : UDRE]에서는 본 인공위성에 대한 시각[Clock] 및 위치[Ephemeris] 정보 관련 보정 시의 불확성을 기술한다. 그리고, 각각의 전리층 격자 지점[Ionospheric Grid Point : IGP]에 대한 격자 전리층 수직 오류[Grid Ionospheric Vertical Error : GIVE]에서는 격자 지점[Grid Point] 주변의 전리층에 따른 보정과정에서의 불확성을 기술한다.

4.3.1.2 중앙국[Master Stations]에서는 지상 송신소[Uplink Stations]을 통해 지구정지궤도[Geostationary Earth Orbit]상에 위치해 있는 SBAS 인공위성으로 전송하는 메시지를 생성한다. 본 정지궤도상에 위치해 있는 SBAS 인공위성에 장착된 송수신기[Transponders]에서는 고유의 의사 무작위 노이즈[Pseudo-Random Noise] 코드를 사용하는 GPS L1 주파수를 통해 SBAS 메시지를 재송신한다. 지구정지궤도상에 위치해 있는 SBAS 위성은 지구의 틱정 경도의 적도 상공에 정지해 있는 것처럼 보일 수 있음에 따라, SBAS신호는 사실상, 전 지구 둘레의 50%에 해당되는 반구[Hemisphere]를 완전히 커버할 수가 있다.

4.3.1.3 본 SBAS 시스템에서는 인공위성 자체에 결함이 확인되면 사용금지["DO NOT USE"] 메시지를 송신하거나 또는 인공위성에서 지상의 감시소[Monyoring Station]가 보이질 않을 경우에는 감시 불가능["NOT MONITORED"] 메시지를 전송한다. SBAS위성에서 사용금지["DO NOT USE"] 메시지가 전송될 경우는 어떤 환경조건이라도 위성신호는 사용될 수 없다. 그러나 감시 불가능["NOT MONITORED"] 메시지가 전송될 경우에는 ABAS RAIM/FDE 기능을 통해 사용이 가능하다.

4.3.1.4 전리층 또는 이온층[Ionospheric] 영향에 따른 위성신호 보정[Corrections]은 수직접근 안내절차[Approach Procedure with Vertical Guidance : APV]를 지원하는데 필요한 정확성과 무결성을 제공하는 데 중요한 핵심요소에 해당된다. 이 경우 전리층으로 인한 위성신호의 지연상태를 측정하기 위해서는 광범위한 기준국망[Network of Reference Stations]이 필요하다. 이와 관련하여 한 예로서, 광대역 보정시스템[Wide Area Augmentation System : WAAS]의 경우에는 캐나다에서 38개의 기준국[Reference Stations]을 사용하고 있으며, 멕시코와 미국에서는 이와 같은 요구조건을 준수하고 있다. 제5

장에 명시된 대로 전리층은 적도 지역에서 매우 강하게 나타나고 있음에 따라 이들 지역에 수직적인 유도 접근 절차를 지원하기 위해 현재의 SBAS시스템하에서는 사실 기술적인 한계가 남아있다.

4.3.1.5 본 위성항법시스템 관련 기준 및 권고안[GNSS SARPs] 자료상에서는 (1) 핵심 인공위성 상태 및 지구정지궤도 범위[GEO Ranging]를 비롯해, (2) 시각 및 위성 위치[Ephemeris] 보정[Corrections], 및 (3) 시각, 위치[Ephemeris] 그리고 전리층 보정[Ionospheric Corrections] 등과 같은 3가지 SBAS 성능 기준이 명시되어 있다. 이상과 관련하여 (1) 레벨과 (2) 레벨은 비정밀 접근절차[Non-Precision Approach]를 통해 항법성능기반[Performance-Based Navigation : PBN] 항로접근절차를 지원하고 있는 반면에 (3) 레벨은 수직안내 또는 유도접근절차[Approach Procedure with Vertical Guidance]를 지원한다.

4.3.2 SBAS 항공기 탑재 항법시스템[Avionics]

4.3.2.1 "SBAS receiver" 용어는 RTCA/DO-229D, Chage 1상에 명시된 제원 및 Annex 10상에 명시된 기준에 최소한 부합되는 GNSS 항공기탑재 항법시스템을 의미한다.

4.3.2.2 본 SBAS 위성항법 항공기 탑재수신기는 각각 4가지의 성능등급으로 분류되어 구성된다. 이중에서 Class I 성능을 갖춘 시스템은 항로절차를 포함한 터미널 및 LNAV 접근절차 운영을 지원하고, Class II 성능 시스템은 항로 및 LNAV/VNAV 접근절차를 지원한다. 그리고 다음으로, Classes III 및 IV 성능 절차는 항로 및 터미널 절차를 포함해, LPV, LP, LNAV/VNAV 및 LNAV 등 4가지의 접근최소 시정치 레벨을 지원한다.

4.3.2.3 본 SBAS 수신기[Receiver]에서는 위치[Ephemeris] 및 시각 보정[Clock Corrections] 신호 전송과 아울러 각각의 인공위성과 일치하는 가시선상을 따라서 전리층으로 인해 지연된 보정값을 계산하기 위한 격자 지점[Grid Point] 간 보간[Interpolating]을 통해 차등적으로 보정된 3차원 위치 정보[Three-Dimensional Positions]를 생성한다. 본 절차를 통해 수직 유도(또는 안내) 접근절차[Approach Procedure with Vertical Guidance : APV]에 대한 위

치 정확도를 제공한다.

4.3.2.4 본 SBAS 수신기는 사용자 차등범위 오류[User Differential Range Error : UDRE] 및 격자 전리층(또는 이온층) 수직오류[Grid Ionospheric Vertical Error : GIVE] 추정과 수평 보호 레벨[Horizontal Protection Level : HPL] 및 수직 보호 레벨[Vertical Protection Level : VPL]를 계산(또는 산출)하기 위해 자체 소유 의사범위 측정 정확도[Own Pseudo-Range Measurement Accuracy]와 자체 대류권으로 인한 지연 모델[Tropospheric Delay Model] 상에서의 불확실성 추정을 결합한다. 본 추정값들은 수직유도접근절차[Approach Procedure with Vertical Guidance : APV]가 이루지는 동안에는 수평 경보 한계치[Horizontal Alert Limit : HAL]와 수직 경보 한계치[Vertical Alert Limit : VAL]를 지속적으로 비교한다. 본 추정값들이 수평 또는 수직 경보 한계치 중 어느 한가지에라도 초과되어 나타날 경우 SBAS수신기는 승무원에게 경보상태임을 알려준다.

4.3.2.5 접근절차가 운영되는 동안에 SBAS 수신기는 SBAS무결성과 접근절차 챠트상의 최저시정치 선상[On the Minima Lines]에 대한 명명규칙[Naming Conventions]을 사용하는 수신기 인증의 조합(또는 결합)을 통해 지원되는 최고 수준의 서비스를 알리기 위해 필요하다. 본 SBAS 수신기는 완전한 RNAV 비행 절차를 지원함은 물론 최종 접근절차[Final Approach Procedures]시 벡터[Vector] 유도 운영을 지원한다.

4.3.2.6 본 SBAS 수신기는 또한 SBAS가 이와 같은 서비스레벨을 지원하는 지역에서 NDB, VOR접근절차와 GNSS 비정밀접근절차[Non-Precision Approach : NPA]를 통한 비행 시 수직 안내 절차[Vertical Guidance] 절차 관련 지침[Advisory]을 제공할 수 있기 때문에 안정적인 하강유도정보 제공이라는 편익[Benefits]을 제공한다. 이와 같은 경우 항공기 승무원은 접근절차 챠트[Approach Chart]상에 명시된 모든 최저 고도[Minimum Altitudes]기준을 따라야만 한다.

4.3.2.7 수직유도접근절차[Approach Procedure with Guidance : APV]에 대한 무결성[Integrity]은 접근절차를 규정하는데 사용되는 데이터의 유효성[Validity]에 좌우된다. 모든 수직 유도 접근절차에 대해 SBAS수신기는 관련 데이터 베이스 상에 저장되어있는 최종 접근 구간[Final Approach Segment : FAS]

절차용 데이터 블록상의 정보 자료를 사용한다. 본 최종 접근 구간용으로 사용되는 정보(또는 데이터)는 특히 초기에 설정된 이 후 어떤 변화가 발생된 데이터가 존재하는지를 검파하기 위해 컴퓨팅 알고리즘[Computational Algorithm]을 순환 중복 검사[Cycle Redundance Check]를 사용하는 높은 수준의 무결성을 통해 보호된다.

4.3.2.8 본 항공기 탑재용 SBAS 수신기 관련 기준 자료상에는 기본적인 GNSS 수신기와 비교되는 상당히 개선되고 보다 표준화된 조종사/항공기 탑재용 항법수신기 간 인터페이스 구성을 규정하고 있다. 이를 통해 항공기 승무원에게는 특히, 항공기 실패접근[Missed Approach] 및 기타 과중한 비행업무 시 부담을 줄여준다.

4.3.2.9 거의 모든 SBAS수신기가 설치된 상태에서 항공기 승무원은 공항, 활주로, 접근절차 등이 선택적으로 저장되어 있는 데이터베이스 상에 특정된 접근절차[Specific Approach]를 로딩[Loading]할 것이다. 그렇지만, 만약 SBAS수신기 상에 아주 기본적인 조종사 인터페이스 기능만 갖추고 있을 경우에는 조종사는 각각의 접근절차용 챠트상에 나타나 있는 SBAS 접근절차 채널번호[Approach Channel Number]를 입력함으로써 원하는 접근절차를 선택한다.

4.3.2.10 본 SBAS 수신기는 현재의 위치정보를 보정 후 전송하는 지구 정지 궤도 위성[Geostationary Earth Orbit Satellite : GEOs]을 추적하기 필요하며, 아울러 SBAS 데이터는 최대한 연속적으로 어느 한 지구 정비 궤도 위성[GEOs]에서 또 다른 지구 정지 궤도 위성으로 신속히 전환[Switching] 될 수 있어야만 한다. 부록 G상에는 이와 같은 전환 성능[Switching Capability]을 고려하여, 수직유도접근절차-I[Approach Procedure with Vertical Guidance : APV-I] 및 Category-I 서비스에 대한 SBAS 신호의 연속성[Continuity]을 계산하는 방법(또는 절차)이 제시되어 있다. 최소한의 SBAS 수신기의 요건은 어떤 SBAS서비스 제공자이든 지에 관계없이 사용하는 것 뿐만 아니라, 항로, 터미널 및 측위 항법절차[Lateral Navigation : LNAV]에 대한 하나 이상의 SBAS 서비스 제공자로부터의 정보를 통합[Mixing]하는 것을 허가[Permit]한다. 본 수직유도접근절차[APV] 및 Category-I 운영 시 SBAS 수신기는 최종 접근 구간[Final Approach Segment : FAS] 데이터 블록 상에 명시된 SBAS기준에 한해서만 사용되어야 한다. 본 기능은 2대 이

상의 SBAS 보정(또는 강화)신호가 제공되는 지역에서 항공 항법 서비스[Air Navigation Services : ANS] 제공자들에게 제어 측정 정보[Measure of Control]를 제공한다.

4.3.2.11 한 국가에서 SBAS 서비스에 대한 이용가능성 여부에 관계없이 SBAS수신기는 오류검출 및 제거[Fault Detection and Exclusion : FDE]기능을 포함해 지구 정지 궤도 위성[GEOs] 범위[Ranging]를 사용함으로써 선택적 가용성[Selective Availability : SA]이 중단된다는 사실에 따른 기본적인 GNSS 수신기와 비교할 경우 비정밀접근절차[Non-Precision Approach : NPA]에 걸쳐 항로절차에 이르기까지 관련된 가용성 측면에서 상당히 증가된 상태로 서비스가 제공된다. 이로 인해, 각 체약국들은 기본적인 GNSS수신기를 사용 시 필요했던 운영상의 제한사항[Operational Restrictions]들을 삭제할 수 있게 되었다.

4.3.2.12 대부분의 TSO-C129 SBAS수신기가 선택적 가용성[SA]을 갖고 있다고 가정할 경우, 항로절차에 대해서는 99.99%로 예상이 되고, 24대의 GPS인공위성군[24-Satellite GPS Constellation]에 의한 비정밀 접근절차[Non-Precision Approach : NPA]는 99.7%로 예상된다. 오류검출 및 제거[FDE] 가용성 범위[Availability Ranges]가 적용될 경우, 항로절차 시에 대해서는 99.8%, 그리고 비정밀 접근절차 시에는 89.5%로 낮아진다. SBAS and RTCA/DO-316/TSO-C196규정에서는(SBAS 기능성을 갖고 있지 않은 수신기기의 경우) SBAS 수신기의 자동무결성 감시[Receiver Autonomous Integrity Monitoring : RAIM]기능에 대한 가용성의 경우, 항로절차 시에는 100%, 비정밀접근절차 시에는 99.998%로 예상이 되다. 그리고 오류검출 및 제거[FDE]기능의 가용성 범위는 항로절차 시에는 99.2%, 비정밀접근절차 시에는 99.1%로 예상된다.

4.3.3 SBAS 운영절차[Operations]

4.3.3.1 대부분의 경우 SBAS 시스템을 통한 접근절차는 안전한 수직유도정보를 제공하는 동안 낮은 시정 최저치 조건하에서 공항 사용성(또는 가동률)을 증가시킨다. 특히, 일반적으로, 본 SBAS시스템에 의한 접근절차 운영 시에는 SBAS관련 하부 기반시설이 필요치 않기 때문에 대부분의 공항에서 비용적인 측면을

고려할 때, 부담을 주지 않는다. 시정 최저치[Minima]로 접근절차를 운영할 경우는 물리적인 환경(장애물, 활주로 등화시설 등)에 좌우된다. SBAS 가용성 수준[Availability Levels]은 SBAS시스템을 통한 접근절차를 갖춘 대체 공항으로 지정될 경우 운용자로 하여금 시정 최저치하에서의 SBAS 접근절차로 활용토록 허용한다.

4.3.3.2 SBAS를 통한 접근절차는 공항에서 지원할 수 있는 서비스 수준으로, 활주로 종단에서 수직 유도 정보를 갖춘 Localizer 성능[Localizer Performance with Vertical Guidance : LPV] 시정 최저치[Minima]로 운영되는 한가지의 접근절차 만을 통해 항공기 착륙절차가 이루어 질 것이다. 최종 접근 구간[Final Approach Segment : FAS] 데이터 블록은 관련 절차에 대한 수평경보한계치[Horizontal Alert Limit : HAL] 및 수직 경보 한계치[Vertical Alert Limit : VAL]를 정의하고 있지만, 그러나 공표된 LPV Minima 접근절차를 사용할 조종사(또는 승무원)에게 명확히 인지된다. SBAS절차를 포함하는 접근절차용 챠트상에는 지역항법[Area Navigation : RNAV](GNSS) RWY NN 문자로 표시되어 있으며, 이중 LPV(or LP), 측위/수직 항법[Lateral Navigation : LNAV/Vertical Navigation : VNAV], LNAV 및 선회[Ircling] 절차 등과 같은 4가지의 시정 최저치[Minima Lines]이 명시되어 있다. 챠트상에는 LPV 또는 LP Minima Lines중 어느 한 가지만 언급이 된다, 즉 이중 2가지가 모두 명시되지는 않는다. Localizer 성능[Localizer Performance : LP] Minima는 지형 또는 장애물들로 인한 수직유도정보를 갖춘 접근절차 수립이 불가능한 경우에만 명시될 것이다.

4.3.3.3 당초 SBAS로 통해 지원이 가능한 최저 결심고도[Lowest Decision Height : LDH]는 75m(250ft)로 예상을 하였다. 본 가정은 WAAS시스템의 경험에 의하면 보수적인 측면으로 접근해 왔음을 입증하였으며, 수직 경보 한계치[Vertical Alert Limit : VAL]가 35m(115ft)로 설정할 경우, ILS CAT-I성능에 준하는 결심고도 60m(200ft)에 해당하는 수직유도정보를 갖춘 Localizer 성능[Localizer Performance with Vertical Guidance : LPV-200] 절차를 지원할 수 있을 것이다. 미국에서는 기록된 WAAS 수직 오류[Vertical Errors] 정보와 기존 재래식 시스템인 ILS Glide Path 시스템의 모니터신호 한계치를 비교 분석하였다. ILS Glide Slope Angle 선상에서 결심고도가 명목상 60m

(200ft)인 점에서의 WAAS의 수직유도정보 신호의 측정값은 17m(55ft) 만큼 클 수 있으므로 모니터 한계치 이내로 유지될 수가 있다. 그 대신에 결심고도가 60m인 지점에서의 비행검사 허용 오차[Tolerance]는 12m(40ft)이다. 수직 경보 한계치[Vertical Alert Limit : VAL]가 35m(115ft)보다 작거나 같은 결과치를 갖는 17억 6천만 개 이상의 관측치를 기초로 할 때, 공간상에서의 WAAS신호의 수직정보 오차는 8.9m(29ft)였다. 이와 유사한 측정 결과는 유럽 정지위성 항법 오버레이 서비스[European Geostationary Navigation Overlay Service : EGNOS]를 통해 관측되었다. 수직 경로[Vertical Path]를 형성하는 SBAS 수직 접근 절차 오류[Vertical Error on Approach]는 설계경로[Design Path]와는 평행하게 유지되지만, 그러나 높거나 낮게 편향되어 나타난다.

SBAS와는 독립적으로 동작이 이루어지는 기압 고도계[Barometric Altimeter]는 항공기 조종사에게 결심고도[Decision Height : DH] 지점을 알려준다. 그러나 낮은 고도상에서 항공기는 명목상의 위치 지점[Norminal Position]보다는 활주로로부터 더 멀리 떨어진 지점에 위치한 결심 고도지점에 도달되게 유도할 것이다. 이와 같은 분석은 최악의 경우 극도의 보수적인 35m(115ft) 저고도 오류[Conservative 35m(115ft) Low Vertical Error] 다루고 있는데, 이것은 항공기가 CAT-I ILS 장애물 제거 표면[Obstacle Clearance Surface : OCS] 구간 지역 내에 존재하게 됨을 설명한다. 이 같은 분석에 따른 다양한 가정 때문에, Annex 10에서는 각 체약 국가들이 수직 유도 정보를 갖춘 Localizer 성능[Localizer Performance with Vertical Guidance : LPV-200]절차를 운영하기에 앞서 먼저 시스템 수준 안전성 평가[System-Level Safety Assessment]를 완료하기를 요구한다.

4.3.4 SBAS 신호(정보) 서비스 제공 가능 구역 범위[Coverage and Service Areas]

4.3.4.1 인공위성의 비행 궤도 경로를 추적하면 SBAS의 탐지가능 영역을 파악할 수가 있다. SBAS 신호 제공 가능 구역 범위 내에서 각 체약국들은 SBAS 운영 승인된 구역에서의 서비스 제공 구역을 설정할 수가 있다. 서비스 제공 가능 구역내서 기타 체약국들도 또한 SBAS시스템 제공자의 협조하에 통합된 기준/감

시국[Reference/Monitoring Stations]을 설치하거나, 또는 SBAS신호 사용 승인절차를 거치는 경우 중 어느 하나만을 통해서도 서비스 구역을 설정할 수가 있다. 이와 관련하여, 첫 번째 선택사항[Option]은 개선된 시스템 성능과 어느 정도의 시스템 제어 등급을 제안하는 것이다. 다음으로, 두 번째 선택사항은 제어 및 성능에 대한 등급 부족은 서비스 지역에서의 SBAS 근접성에 달려 있다. 그러나, 어느 경우에든지 SBAS서비스 구역을 설정한 국가는 서비스 구역 내에서 지원될 수 있는 운영방식과 SBAS 신호에 대한 책임을 지정할 책임이 있다.

4.3.4.2 완전히 구현된 SBAS신호 제공 가능범위 내에서, 인공위성 상태 및 기본적인 시차 보정[Basic Differential Correction] 기능은 전 지구 정지 궤도[GEO] 위성에 의한 신호 서비스 제공이 가능한 구역에 걸쳐 이용할 수 있으며, 핵심적인 SBAS 인공위성에 대한 감시 및 무결성 데이터를 제공함으로써, 비정밀 접근절차[Non-Precision Approach : NPA]를 지원하는 것은 기술적으로 적절하다.

4.3.4.3 SBAS 수신기(또는 항공기 탑재용 항법시스템) 관련 기술기준은 하나의 SBAS 서비스 구역에서 또 다른 서비스 구역, 또는 SBAS 서비스가 제공되지 않는 구역으로 전이[Transitioning] 될 경우에는 원활하고 투명한 운영절차를 제공한다. 여기에서, 후자의 경우, 항공기 SBAS수신기는 오류검출 및 차단[Fault Detection and Exclusion : FDE] 기능을 사용하는 항법절차로 자동 전환된다. 항공기 수신기는 또한 전환이 필요할 때에는 SBAS 기반 항법절차로 다시 전환된다. 이와 같은 과정을 통해, 전 세계의 PBN 항로, 터미널 구역 접근절차 운영을 위한 항법 성능이 보장된다.

4.3.4.4 SBAS서비스 구역중 가장자리 인접구역상에서 수직 유도 접근절차[Approach Procedures with Vertical Guidances : APV] 관련 무결성에 대한 가용성상에서는 결함[Deficits]이 존재할 수 있다. 따라서, 체약국들은 운영상의 문제점들을 야기하게 될 가용성이 감소되는 곳에서 수직유도정보를 갖춘 Localizer 성능[Localizer Performance with Vertical Guidance : LPV] 접근절차에 대한 시행을 억제함과 아울러 경우에 따라, 데이터 수집을 위해 시뮬레이션을 사용하는 지역에서의 공항 관련 가용성 연구는 완료하여야 한다.

4.3.4.5 지역별[Regiona] SBAS

4.3.4.5.1 본 WAAS 시스템은 미국에서 개발된 후 2003년부터 정식 운영되어 오고 있다. 2007년 미국은 규정된 서비스 구역 내에서의 WAAS 인공위성 신호 제공이 가능한 지역에서 단일 주파수 WAAS신호를 비차별적으로 사용료 없이 직접 제공함과 함께 무료 개방으로 이들 서비스를 사용하기 위한 장비 개발 및 구축을 위해 필요한 정보를 무료로 자유로이 열람이 가능하도록 헌신해 왔다. 양국 합의하에, 캐나다와 멕시코는 WAAS 기준국[Reference Stations]을 보유함으로써, 3개주 모든 지역에서 SBAS 서비스를 지원하고 있다.

4.3.4.5.2 일본의 다중기능 이동 인공위성[Multi-Functional Transport Satellite : MTSAT] 기반 보정시스템[Augmentation System : MSAS]은 2007년도에 운영이 시작되었다. 본 시스템은 향후 콰시 제니스 인공위성[Quasi-Zenith Satellite System : QZSS]으로 알려진 새로운 시스템으로 교체되는 것으로 계획이 되어있다. 본 콰시 제니스 인공위성 시스템[QZSS] 은 한 대의 지구정지궤도 인공위성을 포함한 3대의 콰시 제니스 궤도 인공위성 등 총 43대의 인공위성으로 구성이 될 것이다. 본 새로운 SBAS위성은 2023년도 시작되는 7대의 인공위성으로 구성하기 위한 계획과 같이 2020년도 경에 단일 지구정지 인공위성으로 운영이 함께 시작될 예정이다. 본 시스템은 향후 단계에서 이중 주파수를 통한 다중 인공위성군[Dual-Frequency Multi-Constellation : DFMC] SBAS 서비스를 지원하도록 더욱 발전할 것이다.

4.3.4.5.3 유럽연합의 EGNOS시스템은 2011년 초부터 운영이 시작되어 오고 있다. 유럽위원회[Commission]는 EGNOS Safety of Life 서비스를 직접적인 사용자의 비용 부담 없이 국제민간항공 커뮤니티에 제공한다는 의사를 ICAO에 제안했다. 아울러 본 위원회에서는 DFMC SBAS서비스를 제공하도록 EGNOS 시스템을 Upgrade하기로 계획했다.

4.3.4.5.4 인도의 GPS 지원 지구정지궤도[GEO] 항법보정시스템[Augmented Navigation : GAGAN]은 2015년도에 항법성능기반[Required Navigation Performance : RNP 0.1] 및 수직 유도 접근절차[Approach Precedure with Vertical Guidance : APV-1]용으로 승인이 이루어졌다. 당시부터 본 시스템은 ICAO

SARPs에 명시된 운영기준에 부합되는 성능으로 운영이 이루어져 왔다.

4.3.4.5.5 러시아 연합국가의 차등 보정 감시시스템[System of Differential Correction and Monitoring : SDCM]은 개발 중에 있으며 2020년 이후에는 정식이 운영될 것으로 예상된다. 본 시스템은 GPS 및 GLONASS시스템에 대한 보정 및 무결성을 갖춘 GNSS사용자들에게 지원하도록 설계되었다.

4.3.4.5.6 중국의 위성기반 보정시스템[BeiDou Satellite-based Augmentation System : BDSBAS]은 초기에는 BeiDou 및 GPS를 같이 연계토록 계획이 되어 2020년경에 정식 운영이 될 것으로 기대된다.

4.3.4.6 비록, EGNOS, GAGAN, MSAS, SDCM 및 WAAS 등 시스템들의 구조[Architecture]가 서로 다르더라도 동일 주파수(GPS L1)의 표준 메시지[Standard Measage]를 전송하고 있으므로, 항공기 측면에서는 서로 사용 교환이 가능하다. 만약 SBAS 신호 통달거리가 겹치게 될 경우 SBAS 운영자로 하여금 또 다른 지구정지궤도[GEO] 인공위성과 관련된 무결성 및 보정메시지를 감시 및 전송을 가능케 할 수 있도록 함으로써, 다양한 소스를 추가하여 가용성을 향상 시킬 것이다. 모든 SBAS 운영자들에게는 이러한 시스템에 대해 성능 개선을 이행하도록 권장될 것이다.

4.3.4.7 SBAS 항공기 탑재수신기는 모든 SBAS 신호 통달범위 지역 내에서는 동작이 이로어질 것이다. 체약국 또는 주 지역은 SBAS신호가 유효한 지역에서 항공기는 운영상의 제약을 받지 않도록 보장받기 위해 국제민간항공기구[ICAO]을 통해 협의 조정하여야 한다. 만약, 어느 한 체약국가가 터비널 접근절차를 포함해 항로 접근절차용으로 SBAS신호의 일부 또는 전체 부분에 대해 사용을 승인하지 않을 경우 SBAS수신기를 사용하는 항공기 조종사는 수신기 표준[Receiver Standard]이 이들 운영을 위한 특별한 SBAS를 선택 취소하기 위한 성능[Capability]을 지정하지 않기 때문에 전적으로 GNSS선택을 취소해야만 하게 될 것이다. 이로 인해, GNSS 운영을 불가능하게 만듦으로서, 결국 안전성에 대한 중요한 관심을 증폭시키게 될 것이다.

4.4 지상기반 보정 시스템[Ground-Based Augmentation System : GBAS]

4.4.1 GBAS 시스템 구조[System Architecture]

4.4.1.1 본 GBAS 지상국[Ground Station]은 서비스가 제공되는 공항내 또는 인근 지역에 설치되어 운영된다. 지상국 감시소[Ground Station Monitors] 주요 신호[Core Constellation Signals]는 108.025~117.975 MHz Band 주파수로 고주파 데이터 전송[VHF Data Broadcast : VDB] 시스템을 통해 터미널지역에 위치한 항공기에게 관련된 의사 범위 보정신호[Pseudo-Range Corrections]를 비롯해, 무결성 매개변수 및 접근절차 관련 데이터 들을 국지적으로 전송한다. 현재 2017년 Annex 10에 정의된 GBAS시스템은 터미널지역에서 CAT-Ⅰ 정밀접근절차를 포함해 GBAS위치정보를 제공한다. CAT-Ⅱ/Ⅲ 운영을 지원하기 위한 ICAO Annex의 개정은 6.9.2 조항에서와 같이 2018년 경에 적용가능성이 제안되어 기술적 및 운영적인 가능성에 대한 여부가 검토되었다.

4.4.1.2 본 GBAS 정밀 접근 절차 서비스는 최종 접근 구간[Final Approach Segment]을 접근중인 항공기에게 측위[Lateral] 및 수직 편차[Vertical Deviation] 유도정보를 제공한다. 선택적인 GBAS 위치정보 서비스는 터미널지역으로 접근 비행중인 항공기에게 2차원적인 PBN 운영절차 정보를 제공한다. 또한 본 GBAS시스템은 선택적으로 SBAS 지구 정지궤도[GEO] 범위 신호[Range Signals]에 대한 보정신호를 제공한다.

4.4.1.3 본 GBAS 관련 하부시스템은 인공위성 신호를 수신하기 위한 안테나시스템을 포함해 공항의 적정한 지역에 위치한 건물 내에 설치되는 전자적인 시스템 등이 포함된다. GBAS안테나는 계기착륙시스템[ILS] 및 마이크로웨이브 착륙시스템[MLS] 등과는 달리 활주로 구성과는 상대적으로 독립되어 운영이 되고 있지 만, 그러나, 신호차단구역[Signal Blockage]을 포함해, 공항보호구역 및 다중 경로 등으로 인한 국지적인 신호 간섭 영향에 대해 신중한 평가가 요구된다. 한편, 고주파 데이터 전송[VHF Data Broadcast : VDB] 안테나의 위치는 계획된 운영절차가 원활히 수행되게 하기 위해서는 신호 커버리지 구역이 충분

히 보장되어야만 한다.

4.4.1.4 한 대의 GBAS시스템을 지상에 설치하여 운영할 경우 고주파 데이터 전송[VDB] 가능 구역 내에서는 49개까지의 접근절차에 대한 유도정보를 제공할 수 있다. 한편, 다중 접근절차 관련 주파수 할당에 대한 안내는 Annex 10, Volume I, Attachment D, Section 7에 명시되어 있다.

4.4.1.5 The GBAS VDB 시스템에서는 수평 편파[GBAS/Horizontal Polization] 또는 타원 편파[GBAS/Elliptical Polarization] 들 중 어느 한 패턴을 전송한다. GBAS/H전송 관련 기준은 표준[Standard]으로 명시되어 있는 반면에 GBAS/E 관련 기준은 권고사항[Recommended Practice]으로 명시되어 있다. 대부분의 항공상에는 GBAS/H 및 GBAS/E 신호를 모두 수신이 가능하도록 수평 편파용 VDB수신용 안테나가 설치될 것이다.

기타 다른 항공기, 특히 어떤 군용기의 경우 수직 편파용 안테나가 설치되기 때문에, GBAS/E 시스템을 사용하는데 제한을 받게 될 것이다. 본 GBAS 서비스 제공자는 각 국가별 비행정보간행물[Aeronautical Information Publications : AIP]상의 각각의 시설에 대해 VDS안테나 전파 편파 종류를 표시하여만 할 것이다.

4.4.1.6 본 최종접근절차 구간[Final Approach Segment : FAS] 용 전송 데이터 블록은 최종 접근절차 경로를 정의한다. 또한 본 FAS d데이터 블록은 계기착륙시스템[Instrument Landing System : ILS]시스템처럼 편차 유도정보[Devation Guidance]를 계산할 수 있게 한다. 또한 본 FAS 데이터 블록은 관련된 VDB 주파수를 기준으로 하는 채널 매핑 공식[Mapping Formula]을 통해 20,001~39,999범위 상에서의 GBAS채널번호에 연결이 된다. 채널 할당에 대한 안내는 Annex 10, Volume I, Attachment D, section 7에 명시되어 있다.

4.4.1.7 ILS시스템과는 달리, GBAS는 각각이 한가지로 식별되는 유일한 하나의 채널 번호로 동일한 활주로 말단으로 다중 접근절차를 제공한다. 이와 같은 다중 접근절차는 서로 다른 Glide Path Angle 또는 대체 활주로 시단[Displaced Threshold]를 갖게 될 수도 있다.

4.4.1.8 본 GBAS 데이터 링크 상에는 GBAS 지상국에 의해 제공된 신호에 대한 인증 조항이 포함된다. 본 성능 기준은 CAT-I의 경우에는 선택사항에 해당이 되나, 그러나 CAT Ⅱ/Ⅲ의 경우에는 요구 사항에 해당이 될 것이다.

4.4.2 GBAS 항공기 탑재 수신기 운영절차[Avionics and Operations]

4.4.2.1 "GBAS receiver"에 대한 용어 개념은 FAA TSO-C161A/162A에 의해 개정된 RTCA/DO-253C와 같은 적절한 국가 제원[State Specificationns]을 포함한 ICAO Annex 10에 명시된 대로 GBAS Receiver시스템 관련 최소 요건에 준하는 GNSS 항법시스템[Avionics]을 의미한다.

4.4.2.2 ILS 및 MLS시스템과 유사하게, GBAS 수신기[Receiver]는 최종 접근절차 시 활주로중심선 정보[Course Signal] 및 활공각 정보[Glide Path Angle Signal]와 관련된 측위[Lateral] 및 수직[Vertical] 유도 정보를 제공한다. 본 GBAS 수신기는 또한 접근절차 시 필요한 특정 최종 접근 절차 구간[Final Approach Segment : FAS]용 데이터블럭을 식별함과 아울러 고주파 데이터 전송[VHF Data Broadcast : VDB]용 주파수를 선택하는 채널 선정 방식[Channelling Scheme]을 채택하고 있다. 각각 분리된 절차는 다른 채널로의 할당이 요구된다. 정밀 접근절차가 이루어지는 동안, GBAS 수신기는 오직 보정이 가능한 인공위성만을 사용한다.

4.4.2.3 본 GBAS 수신기 관련 기준치(또는 표준치)는 기존 항법시스템으로 GBAS시스템과의 통합이 단순화되도록 계기착륙시스템[Instrument Landing System : ILS] 방식처럼 개발이 되어 왔다. 본 GBAS 모니터 크기 및 편차 출력 부분은 항공기 승무원의 교육 훈련 요구사항을 줄이기 위해 ILS시스템과 동일하게 설계 및 제작되었다. 모든 항공기 탑재 수신기 상에는 지상국[Ground Stations]의 모든 구성을 위해 최종 접근 경로[Final Approach Course] 및 활공로 유도 정보[Glide Path Guidance]를 제공하게 될 것이다.

4.4.2.4 GBAS 위치정보 서비스[Positioning Service]가 이용될 경우, 항공기 탑재 항로 유도 장치[Navigator]에 입력된 대로 또는 ADS-B로부터의 위치정보를 받아 입력된 대로 사용할 수 있는 위치정보를 비롯해, 속도 및 시각 관련 데이터 정보들을 제공하게 될 것이다. 만약 본 서비스가 특별한 지상국 또는 항공기 항법시스템을 통해서 지원이 불가할 경우에 항공기 수신기는 PBN정보를 제공하기 위해 ABAS 요구조건에 따라 위치, 속도 및 시간 정보를 제공할 것이다.

4.4.2.5 본 "GBAS Landing System(GLS)"에 대한 용어는 'GLS RWY NN' 및 'GBAS Minima Line'이라는 두 가지 명칭으로 GBAS 접근절차 안내자료

[Charting]으로 사용된다.

4.4.2.6 GBAS와 관련된 보다 상세한 설명과 GBAS를 통해 지원되는 성능 레벨과 관련된 정보는 Annex 10, Volume I, Attachment D, Section 7에 명시되어 있다.

4.4.2.7 정밀 접근 서비스를 제공하는 시스템에 대한 통합[Mix]을 허용하는 접근 및 착륙을 위한 비시각[Non-Visual] 보조장치[Aids]에 대한 SARPs에서의 도입 전략에 따라, 산업계에서는 다중모드 선택 수신기[Multi-Mode Receiver : MMR]을 개발하여 왔다. 이로 인해, 본 수신기를 통해 ILS를 포함한 MLS, GBAS 및 SBAS를 기반으로 하는 정밀 접근 운영을 지원할 수 있게 되었다.

Chapter 5

GNSS 성능 취약점 [Vulnerability]

Global Navigation Satellite System(GNSS) Manual

5.1 일반사항[General]

5.1.1 인공위성으로부터 수신 안테나를 통해 수신되는 본 GNSS 신호의 세기는 매우 미약하여, 외부 신호 간섭에 매우 취약한 특성을 갖고 있다. 기존 재래식 항법시스템도 또한 신호 간섭에 영향을 받을 수는 있으나, 그러나 GNSS는 더 많은 항공기에 대해 동시적인 신호 간섭 영향을 줌으로써 그 피해 지역은 광범위하게 펼쳐질 수 있다. GNSS 신호는 또한 전리층[Ionospheric]으로 인한 영향을 받을 수 있는 취약성을 갖고 있다.

5.1.2 GNSS 수신기는 ICAO Annex 10 상에 제시된 신호 간섭 레벨 발생 시 명시된 성능 요구조건에 부합되어야 함은 물론 국제 전기통신 연합[International Telecommunication Union : ITU]에서 요구하는 권고사항[Recommendations] 기준치 내에서 사용이 될 수 있어야만 한다. 위에서 정의된 신호 간섭 레벨은 정상적인 GNSS신호에 대한 서비스 성능을 저하시키거나 차단시키는 원인이 될 수 있지만, 그러나 항공기 수신기 기술 기준[Standards]은 이 같은 신호 간섭으로 인해 위험스럽게 오인할 수 있는 정보[Hazardously Misleading Information : HM]로 초례되지 않아야 한다는 것을 요구한다.

5.1.3 현재의 기존 GNSS시스템은 GPS를 비롯해, GLONAS 및 SBAS 등 시스템과 공동으로 단일 주파수 밴드[Single Frequency Band]을 사용하는 것에 대해 승인하고 있다. 이와 같이 단일주파수를 공동으로 사용함으로 인해 GNSS신호에 대해 의도적인 신호교란을 용이하게 만들 수 있게 할 뿐만 아니라, 의도치 않는 신호간섭을 더 쉽게 만드는 결과를 낳고 있다. 그러므로 차세대 GNSS시스템은 단일 주파수가 아닌 다중 주파수[Multiple Frequencies]를 기반으로 설치 및 운영될 것이다. 이로 인해 의도치 않는 신호간섭은 줄어들게 만들 뿐만 아니라, 의

도된 신호 간섭 교란 행위는 근본적으로 어렵게 만드는 효과를 가져올 것이다. 향상된 서비스[Enhanced Services]는 다중 주파수의 가용성[Availiability]에 좌우될 것이지만, 그러나 하나의 주파수 신호 간섭으로 인해 저하되어 나타날 것이다.

5.1.4 본 GNSS 시스템은 Chapter 1, 1.4.5.조항에 명시된 응용프로그램[Application]을 지원하기 위해 정밀 시간 정보[Precise Time Information]를 제공한다. 이와 같은 대부분의 응용프로그램은 다음과 같이 GNSS를 중요하지 않는 방법[Non-Critical Manner]으로 사용한다. 즉, 타이밍 수신기[Timing Receivers]는 다른 시간 분배[Other Time Distribution] 시스템으로 사용됨과 아울러, 절대적인 정확도 요구조건[Absolute Accuracy Requirements]을 요구하지는 않는다. 시스템은 다른 GNSS시간 갱신[Update]이 필요하기 이전에 자체 내부 수정발진을 통해 생성된 시각[Quartz Clocks]과 관련된 상당한 양의 시간에 대해 자연스럽게 동작이 이루어진다. 가장 주목할 만한 예외부분은 다변측정[Multilateration]으로써, GNSS시간에 대해서는 매우 중요한 의존성을 갖고 있을 수 있다.

5.1.5 각 국가별 조정자[Regulators] 및 항행 안전 서비스[Air Navigation Services : ANS] 제공자들은 GNSS 서비스 제공이 중단될 가능성을 줄이기 위해 Chapter 7, 7.13 조항 및 부록 F에 명시된 대책을 강구할 수가 있다. 조치 완화가 구현될 시, 이들은 Chapter 7, 7.5 및 7.15 조항에 명시된 안전 보안 평가 원칙[Safety and Security Assessment Principle]과 일치되어야 한다. 이 같은 완화 조칙의 목적은 서비스 중단 시, 항공기 운영에 미치는 측면에서 잔류 위험요소가 허용 가능한 상태로 유지되도록 보장하기 위한 데 있다. GNSS 취약점(또는 한계점)에 대한 완화는 적용된 노력이 너무 작은(잠재적으로 허용할 수 없는 위험 또는 GNSS 혜택 가능성 실현이 차단되도록 유될 수 있는 경우) 경우가 아니거나, 또는 너무 큰(다른 위험요소를 완화하는데 지출된 노력에 비교하여) 경우가 아닌 것으로 보장하기 위해 통신, 항법 및 감시/항공교통관리[CNS/ATM] 등의 운영에 대해 전반적인 위협의 맥락에서 균형을 이루어 추진할 필요성이 있다.

5.2 의도치 않는 신호 간섭[Un-intentional Interference]

5.2.1 GPS 및 GLONASS 인공위성은 1,559~1,610MHz 및 1,164~1,215MHz 주파대를 이용하여 서비스를 제공하는 무선항법인공위성[Radion Navigation Satellite]에 할당된 스펙트럼을 사용케 하기 위해 국제 전기통신 연합[International Telecommunication Union : ITU]와 같이 공유[Filing] 하고 있다. 본 주파수 밴드 상에서 무선항법 위성 서비스[Radio Navigation Satellite Service : RNSS] 용으로 할당된 주파수대는 항공 무선항법 서비스[Aeronautical Radio Navigation Service : ARNS]와 같이 공유되어 있다. 또한 1,559~1,610MHz 주파수대에서 운영되는 SBAS 지구 정지궤도 인공위성을 위한 항공 무선항법 인공위성 서비스[RNSS]용 할당 주파수대와도 공유[Filing]가 이루어져 있다.

GBAS 고주파 데이터 전송[VHF Data Broadcast : VDB] 시스템 뿐만 아니라, 108.025~117.975MHz 주파수대를 사용하는 항공 이동(R)1 서비스[Aeronautical Mobile(R)1 Services : AMRS] 시스템인 고주파 디지털 연결망[VHF Digital Link : VDL-4]은 항공무선항법 서비스[Aeronautical Radio Navigation Services : ARNS]를 제공하는 ILS 및 VOR과 공유되어 있다. GPS를 포함한 GLONASS 및 SBAS 지구 정지 궤도 인공위성[GEOs] 또한 미래 민간 항공 응용프로그램[Applications] 용으로 의도된 1,164~1,215MHz 주파수대를 통해 국제 전기통신 연합[ITU]의 시스템과도 공유[Filing]되어 있다. 한편 중국의 위성항법 시스템[BeiDou Navigation Satellite System : BDS] 및 유럽연합의 갈릴레오[Galileo] 위성은 현장에서 국제전기통신연합[ITU]의 시스템과 공유가 이루어져 있다.

5.2.2 이동 및 고정용 VHF 통신시스템을 비롯해, 텔레비전 방송국에 의한 고조파, 어떤 특정 레이더, 이동용 위성통신 시스템[Mobile Satellite Communications] 및 군사용 시스템[Military Systems] 등을 포함하는 주파수 밴드 내/외 두 입/출력 단자를 통해 GNSS 신호는 수많은 잠재적인 신호 간섭 요인에 노출되어 있다.

5.2.3 효과적인 주파수 관리의 주요 방법은 의도적이든 비의도적이든지 간에 GNSS 신호에 대해 신호 간섭의 발생 가능성을 줄이는 데 있다. 이를 위해서는 주파수 사용을 통제하는 규제/법[Regulations/Laws]을 제정하여 시행함과 아울러, 새로운 주파수 할당에 대한 신중한 애플리케이션 평가가 요구된다.

5.2.4 지금까지 보고된 수많은 GNSS 신호에 대한 간섭 영향 사례는 고주파 통신시스

템[VHF Communications Systems]을 비롯해, 인공위성용 통신장비 및 휴대용 전자 장치[Portable Electronic Devices] 등을 포함하는 항공기 탑재장비 시스템[On-Board Systems]에 대해 추적이 되어 왔다. 이와 같은 신호 간섭 영향들은 적절한 GNSS수신기 설치[예 : 차폐, 안테나 분리 및 대역 외 주파수 차단(Filtering)]을 포함해 다른 항공기와의 통합 및 휴대용 전자 장치 사용 제한 등을 통해 예방할 수가 있다.

5.2.5 2세대 핵심 인공위성에 의해 전송될 1,164~1,215MHz 주파수대에서의 부가적인 GNSS신호는 거리 측정 시스템[Distance Measuring Equipment : DME] 및 UHF전술 항공 항법 보조장치[TACAN]와 주파수 대역을 공유한다. 국제 전기통신 연합의 규정은 DME/TACAN이 신호 간섭 영향으로부터 보호되어야 함을 요구하고 있다. 현재 DME/TACAN 관련시설에 기반을 둔 호환성에 대한 연구[Compatibility Studies]는 새로운 GNSS 신호 처리에 대한 신호간섭의 영향이 허용가능한 수준인 것으로 결론을 내렸다. 본 연구는 또한 GNSS 주파수 대역 내 또는 대역 인접[Near] 부분에서 운영되는 높은 밀도[High Density] 환경에 놓인 DME/TACAN시설은 고고도[High Altitude]상에서 GNSS 신호에 신호간섭 영향을 미칠 수 있을 것으로 결론을 내렸다. 각 체약국들은 만약 DME 주파수가 GNSS 주파수대로부터 이격된 주파수대로 재 할당이 요구될 경우, 증가되고 있는 DME/TACAN시설이 사용이 확장되는 GNSS시스템과의 호환이 가능한지의 여부에 대한 평가가 선행되어야만 할 것이다.

5.3 의도적인 신호 간섭 및 도용[Intentional Interference and Spoofing]

5.3.1 기본적으로, 모든 기존 항법 지원시설이 아직도 지속적으로 서비스를 제공하고 있으며, 아울러 모든 항공기 또한 기존 항법시스템을 장착하여 운영되고 있는 상황 하에서 GNSS을 기반으로 하는 항공서비스 신호에 대한 의도적인 신호 교란(또는 신호 간섭) 행위를 유발할 동기는 거의 없어 보인다. 그럼에도 불구하고, GNSS에 대한 의존이 날로 증가됨에 따라, 새로운 의도적인 신호간섭에 대한 위협 또한 증가될 것으로 예상된다.

5.3.2 본 GNSS시스템은 금융분야를 비롯해, 보안 및 추적, 교통, 농업, 통신, 기상예보

및 과학 연구 분야 등 다양한 많은 분야에서 응용 사용된다. GNSS 전파교란에 따른 위협요인 분석은 항공기 운영에 영향을 미치는 비 항공사용자들을 대상으로 하는 방행전파를 일으킬 가능성을 고려하여야만 한다. 또한 비 항공 서비스제공자들을 위한 필요한 완화대책을 고려하여야만 한다. 일차적으로 주된 관심사는 차량추적시스템을 퇴치하기 위해 설계된 방해전파용기기[Jammer]의 확산[Proliferation]이다.

5.3.3 전파 간섭의 가능성은 인구밀도를 포함한 항공 및 비항공 서비스를 방해하기 위한 지역에서의 개인 또는 그룹 같은 요인들에 좌우된다. 한편, 전파간섭의 가능성은 해양[Oceanic]과 인구 밀도가 부분적으로 산재하여 정착해 있는 지역에서의 경우에는 사실상 나타나지 않을 것으로 예상이 되는 반면에 주요 인구 밀집지역 인근에서는 가장 높게 나타날 것으로 예상된다. 영향 평가[Impact Assessment]는 영공의 유형[Type of Airspace]을 포함한 교통 수준[Traffic Level]과 독립적인 항공감시[Surveillance], 통신서비스[Communications Services] 등 관련 가용성[Availiability]을 고려해야만 할 뿐만 아니라, 안전 및 경제적 효과도 함께 다루어져야만 한다. 영향평가에 대한 완화[Mitigation] 정책은 방해[Disruption]가 가능하다고 여겨질 때 필요할 것이며, 이로 인해 상당한 영향[Significant Impact]을 미칠 수 있게 될 것이다.

5.3.4 제7장에 기술된 바와 같이, GNSS 운영이 중단되는 경우에, 전략 완화[Mitigation Strategy] 정책의 일환으로써, DME시스템을 유지시키는 것이 권장된다. 비록 DME가 GNSS와 주파수 밴드를 공유하여 사용이 되고 있지만, DME의 신호간섭 가능 임계치[Interference Threshold]는 GNSS보다 훨씬 높게 설정이 되어 있기 때문에, 공동 주파수 밴드[Common Band] 상에서의 신호 간섭은 DME에 영향을 미치지는 못할 것이다. 더군다나, 본 주파수 대역 내에서의 신호 간섭은 항공기의 무선 지평면 시야[Radio Horizon] 범위 내에서 동작중인 DME에 대해 영향을 미치지는 못할 것이다

5.3.5 도용[Spoofing]은 항공기로 하여금 잘못된 위치[Erroneous Position]를 계산케 하여 잘못된 유도경로[False Guidance]를 제공케 하는 것과 같은 GNSS신호를 전송하게 만든다. 한편 GNSS의 스푸핑 발생 가능성은 기술적으로 훨씬 복잡하기 때문에 기존의 재래식 보조지원 시스템 관련 스푸핑 발생 가능성보다는 비교

적 낮게 나타날 것으로 간주된다. 탐지를 즉각적으로 회피하기 위해, 스푸핑은 정확한 항공기 목표물 위치 정보[Accurate Target Aircraft Position Information]가 필요하다. 항공기 목표물 수신기[Target Receiver]의 에너지 신호[Dynamics]에 스푸핑 신호를 일치시키는 것을 포함해, 항공기 수신기가 스푸핑 신호에 대한 활성화[Locked]를 유지하도록 충분한 신호 강도를 유지케 하는 것은 매우 어렵다. 만일 항공기 항법시스템(또는 수신기)가 스푸핑 신호에 대해 Lock된 상태로 유지되고 있다면, 다음과 같이 편차 및 불일치 등을 탐지할 수 있는 다양한 방법들이 있다. 즉, 예를 들어 통합 수신기[Integrated Avionics]는 GNSS 및 관성기준 시스템[Inertial Reference System : IRS] 또는 DME-DME 위치정보들 간의 불일치[Discrepancies] 상태를 알려줄 수가 있을 뿐만 아니라, 조종사로 하여금 계기 및 현시장치에 대한 정상적인 감시를 통해 편차를 기록할 수 있게 함은 물론, 레이더 환경 하에서 항공교통관제사[Air Traffic Controller : ATC]로 하여금 편차를 관찰할 수 있게 지원한다. 더군다나, 스푸핑 신호에 대해 Locked 되어 있는 지역에서의 모든 기타 항공기들은 항공기 목표물[Target]로써, 동일한 위치에 나타나게 될 것이다. 만약 항공기가 Track으로부터 편차가 발생될 경우, 지상 근접 경고시스템[Ground Proximity Warning System : GPWS] 및 항공기 충돌방지 시스템[Airborne Collision Avoidance System : ACAS]은 지상의 기타 다른 항공기들과의 충돌을 예방 보호하도록 제공할 것이다.

5.3.6 GBAS데이터 전송 관련 스푸핑은 적어도 기존 재래식 보조 지원 시스템을 스푸핑하는 것만큼 어렵다. GBAS 스푸핑을 사실상 불가능하게 만드는 인증 방식[Authentication Scheme]이 개발되었다.

5.3.7 각 체약국들은 자국의 영공 상에서의 의도적인 신호간섭에 대한 위험성을 평가 후 처리하여야만 한다. 만약 체약국이 특정지역에서 위험성을 수용할 수 없다고 결정할 경우에는 Chapter 7, 7.13 및 부록 F에 명시된 대로 효과적인 완화전략을 채택할 수가 있다. 또한, 만약 시스템 운영중지 사건이 감지 및 보고될 경우(Chapter 7, 7.12) 체약국은 Chapter 7, 7.11조항에 따라 사용자에게 알리도록 준비가 되어야 함은 물론 부록 F에 명시된 대로 사후 대응 조치를 전개한다. Chapter 7, 7.8 조항에 명시된 대로 GNSS감시기능이 신호간섭을 탐지할 목적을 달성하기 위한 것이 아닌 동안에는 성능감시와 신호간섭 감시 시스템간의 잠재적인 시너지는 가능한 최대의 장점으로 활용해야만 한다.

5.4 주파수 관리 규정[Spectrum Regulation]

5.4.1 각 체약국들은 GNSS 신호를 교란시키는 모든 행위는 금지하여야 한다. 이와 관련하여, 각 체약국들은 또한 GNSS 중계기[Repeators]를 비롯해 의사 도용장치[Pseudolites Spoofers] 및 방해전파[Jammers] 등을 포함하는 의도적인 주파수 대역내 방사기[Radiators] 사용을 통제하는 강력한 규제 체계[Regulatory Framework]를 개발 후 시행하여야만 한다. 특정 텔레비전 방송 채널 및 기타 산업용 응용프로그램[Applications] 등과 같은 GNSS 주파수 대역과 조화롭게 관련된 주파수 대역 외 용 방사기 사용을 다루기 위한 특별한 규제 주의[Particular Regulatory Care]가 요구된다.

5.4.2 GNSS 방사기 및 의사장치[Repeaters and Pseudolites]란? GNSS커버리지 범위 내에 존재하는 건물들로 인해 GNSS신호에 대한 수신이 원활치 못한 경우 이를 보완시켜 주기위해 GNSS신호를 전송하는 시스템을 말한다. 항공용 시험장비[Aeronautical Test Equipment] 또한 GNSS 신호 발생장치[Signal Generator]로서의 역할을 수행할 수가 있다. 동 시스템[방사기 및 의사장치]들이 특정 조건에 따라 동작이 정상적으로 이루어지지 못할 경우 GNSS 항법수신기[Avionics] 및 항공 항법 서비스 : ANS] 제공자들의 지상 시스템 상에 신호 간섭을 유발케 할 수도 있다. 어떤 경우, 이들 시스템들로 인해 SNSS 수신기들로 하여금 동달범위 내에서 잘못된 위치정보로 계산케 하는 원인을 유발시킬 수가 있다. 이와 같은 경우들은 갑자기 손쉽게 변하는 명백한 위치 정보와 같은 결과를 유발케 할 수 있기 때문에 즉시 탐지될 수 있어야 한다.

5.4.3 GNSS 방사기와 의사장치에 대한 사용은 일부 체약국들에 의해 신중하게 통제가 이루어지겠지만, 그러나 다름 대부분의 체약구들은 적절한 관련규정이 수립되어 있지가 않고 있다. 이와 같은 시스템들로 인해 GNSS기반 서비스가 중단되지 않도록 보장하기 위해, 각 체약국들은 유효한 응용프로그램을 보유하고, 시스템 운영이 기존 주용 GNSS 사용자들에게 해가 되지 않도록 보장하기 위해 규제체계를 구축해야만 한다. 이와 같은 시스템들로 인해 GNSS서비스가 중단되지 않도록 보장하기 위해, 각 체약국들은 유효한 응용프로그램을 통해 시스템 운영 시 기존 주요 GNSS사용자들에게 위협이 되지 않도록 보장하기 위한 규제 체계[Regulatory Framework]를 구축해야만 한다. 위성 항법 시스템[GNSS에 대한

신호 간섭[Signal Interference]과 관련하여, ICAO Electronic Bulletin EB 2011/56 문서상에는 체약국들에게 규정 개발 관련 지침을 사용할 수 있는 더 많은 정보와 문서 목록들이 포함되어 있다.

5.4.4 위협적인(또는 유해한) 신호 간섭 사례는 차량요금 징수 또는 추적을 피하기 위해 사용되어온 단거리용 GNSS 전파교란 장치[Jammers]가 주요 대상이 되어 왔다. 이와 같은 전파 교란 장치[Jammers]의 이동 특성[Mobil Nature]과 단거리[Short Range]는 출처[Locate the Source]를 확인하기 어렵게 만들면서, 간헐적으로 신호를 방해한다. 따라서, 각 체약국들은 방해 전파[Jammers] 및 도용[Spoofing] 장치[Device]에 대한 사용을 포함해 수입, 수출, 제조, 판매. 구입, 소유권을 금지시키기 위한 규정을 수립해야만 한다. 한편 일부 국가들의 경우 GNSS 신호의 중단을 초래하는 모든 행위를 금지시키고 있을 뿐만 아니라, 방해 전파 교란 장치[Jammers]를 구매하거나 사용 시에는 엄중한 처벌을 규정하고 있다. 그리고, 각 체약국들은 집행(또는 시행) 프로그램을 지원하는 데 있어 신호 간섭 발원지를 탐지하기 위한 수단을 또한 개발해야만 한다.

5.4.5 각 체약국들은 비항공 사용자들[Non-Aviation Users]에 의한 항공 관련 GNSS 서비스 중단 가능성을 줄이기 위해 더 많은 예방조치를 강구하여야만 한다. 여기에는 시민들로 하여금 수용이 가능한 위치 관련 프라이버시 제공[Location Privacy Provisions]을 구현하는 것이 포함될 수 있다. 반대로, 수수료 징수 또는 응용프로그램 추적 관련 설계는 부가적인 센서 통합 또는 단순 전파 교란[Simple Jamming]으로 인해 자체 목적을 달성하는 것을 막는 기타 메카니즘 등을 포함함으로써, 신호 간섭은 예상해야만 한다. 대부분의 경우 이것은 단순한 조치를 통해 얻어질 수 있다.

5.4.6 국제민간항공 관련 ICAO협약[Doc 7300] 및 국제 전기통신연합[ITU] 규정은 항공용 GNSS 주파수를 보호한다. 그러나 여기에는 이동 전화를 포함해 수신기 상에 수신되는 GNSS 신호보다 훨씬 강한 신호를 송신할 수 있는 광대역 데이터 서비스[Broadband Data Services] 등과 같은 새로운 응용프로그램을 위한 전자기[Electromagnetic] 스펙트럼에 대한 상당한 수요가 있다. 각 체약국들은 이들 시스템이 현재 설치된 GNSS수신기 상에 신호 간섭 가능성이 존재한다면 GNSS 주파수밴드에 인접된 스펙트럼은 제안된 시스템용 주파수로 할당하여서는 안 된다. 미래 항공용 GNSS 장비 관련 다중시스템 및 주수가 신호 간섭에 강하

게 보호되도록 가능한 한 합리적으로 극대화시켜 설계되는 동안, 새로운 스펙트럼 서비스가 이와 같은 발전[Improvements]을 무력화 시키지 않는 것이 중요하다.

5.5 전리층 및 태양 활동이 위성항법신호에 미치는 영향[Effects of the Ionosphere and Solar Activity]

5.5.1 전리층[Ionosphere]이란? 부분적으로 이온화 된[Ionized] 대기[Atmosphere] 상층부의 영역[Region]을 말한다. GNSS 신호는 자체가 태양 복사 및 기타 태양 에너지 폭발[Solar Energy Burst]의 강도로 인해 이온화된 입자의 밀도[Density of Ionized Particles]에 따라 시간 크기의 양[Amounts of Time]의 변화에 의해 지연[Delay]이 발생된다. 한 가지 현상은 빠르고 커다란 이온층 지연 변화[Rapid and Large Ionospheric Delay Changes]로 인해 결국 범위 측정 오류[Range Measurement Errors]를 유발시키게 만드는데, 이와 같은 문제점을 차단하기 위해서는 시스템 설계 시 근본적인 연구 조치가 선행되어야만 할 것이다. 특히, 태양 폭풍[Solar Storms]은 하나 이상의 인공위성 신호를 일시적으로 손실케 할 수 있는 이온층에서의 심각한 빛 에너지 방출[Ionospheric Scintillation]을 유발케 하는 원인이 될 수가 있다. 본 심각한 빛 에너지 방출[Scintillation] 현상으로 인한 GNSS 신호 전송 두절[Disruption] 가능성은 지리적인 지역[Geographic Area]에만 발생이 될 것이므로 과학적인 평가[Scientific Assessment]가 필요하게 될 것이다. 이와 같은 이온층 현상은 [Ionospheric Phenomena]은 비정밀 접근절차[Non-Precision Approach]가 운영되는 항로[En-Route] 비행 시의 경우에는 영향을 받지는 않는다.

5.5.2 이온층 영향의 종류 및 심각성은 태양 활동의 수준을 비롯해, 세계지역, 년 중 시간[Time of Year] 및 일시[Time of Day] 등과 같은 기타 요인 등에 따라 다양하게 나타난다. 발생 빈도가 낮은 태양 폭풍은 광범위한 지역에서 항공기 탑재 수신기 상에 영향을 미칠 수 있는 이온층 지연의 큰 변화를 유발시키게 할 수가 있다. 태양 활동은 11년 주기마다 최고조로 발생된다.

5.5.3 심각한 빛 에너지 방출[Scintillation] 현상은 인공위성의 신호를 교란시킬 수는

있지만, 그러나 그 피해 면적은 극히 부분이며, 전리층의 넓은 지역에 대해 동시에 영향을 미치게 하지는 못한다. 그러므로, 일반적으로 Scintillation 현상으로 인한 전파 교란의 영향을 받는 인공위성의 수는 항공기 시야 상에 존재하는 인공위성을 기준으로 할 때 매우 제한적으로 나타날 것이다. 한편 이와 같은 심각한 빛 에너지 방출[Scintillation] 현상에 따른 신호 추적 손실[Losses of Signal Tracking] 주기는 매우 짧게 지속되지만, 그러나 몇 시간 주기 동안 반복적으로 발생되어 나타날 수 있다. 이로 인해 GGNSS 서비스 성능은 저하되거나 또는 이벤트 발생에 따라, 신호를 즉시 다시 수신하기 위해 수신기 기능에 의존하는 기간 동안에는 일시적으로 중지될 수 있다. Scintillation 현상으로 인해, 모든 GNSS 주파수 신호가 영향을 받을 수 밖에 없음으로, 그러므로 다중 주파수 수신기[Multi-Frequency Receivers]에 대해서는 더 이상 강력한 보호를 제공하지는 않을 것이다. 반면에, 다중 위성군을 갖춘 GNSS는 수신기로 하여금 보다 많은 수의 인공위성을 추적할 수 있게 함으로써, 서비스 중단 가능성을 줄여주게 할 것이다.

5.5.4 Scintillation 현상은 가끔 심한 전리층 폭풍[Ionospheric Storms]이 몰아치는 동안에 발생되는 낮은 수준의 경우를 제외하고는 대부분의 중간 위도 지역[Mid-Latitudes Regions]상에서는 거의 발생이 되지 않는다. 보다 강력한 Scintillation 현상은 일몰 후 및 현지에서의 자정이 시작되기 전에 일반적으로 나타나는 적도 지역[Equatorial Regions]에서 흔히 발생된다. 중간급[Moderate] 정도의 Scintillation 현상은 고위도 지역[High-Latitude Regions]상에서 흔히 발생되는데, 이와 같은 경우, 전리층지역에 폭풍 발생이 가해지는 동안에는, 심각한 수준에 도달되는 경우가 발생될 수 있다.

5.5.5 중위도[Mid-Latitudes]상에서, 이온층에 발생되는 심각한 폭풍[Ionospheric Storms]으로 인해, SBAS를 통한 수직 유도 정보를 갖춘 접근절차[Approach Procedure with Vertical Guidance : APV] 서비스를 중단케 하는 경우는 흔하게 발생은 되지 않지만, 그러나 적도 지역에서의 서비스 중단은 자기상의 적도[Magnetic Equator]선상을 기준으로 남/북 방향 15° 정도 벗어난 지점에 위치되는 이온화 입자들로 축적된 광대역 밴드[Wide Bands] 형성으로 인해 매우 빈번하게 발생될 것이다. 폭이 좁고, 길이가 길쭉한 볼륨 형태를 우리는 지역에서의 일몰 후 밴드상의 중간 부분에서 흔히 발당된 후 밤 늦게까지 지속되는 전리층

주변에서 훨씬 아래로 낙화되는 이온화된 입자들의 밀도로써 하나의 침전물 또는 비누방울[Depletions or Bubbles]이라고 부른다. 이와 같은 현상 조합[Combination of these Phenomena]은 전리층 지연에 따른 거대한 공간[Spatial]상의 시간 변화[Temporal Variations]를 유발케 함으로써, SBAS 전리층 교정 관련 무결성에 대한 주요 도전으로 나타나고 있다. 그러므로, 적도 지역에서는 단일 주파수를 통한 SBAS APV 절차 관련 서비스를 제공하는 것은 실용적이지가 못하다.

5.5.6 기본적인 GNSS수신기는 단순히 이론적인 전리층 모델과 전리층 지연에 따른 보정값을 계산하기 위해 GNSS인공위성을 통해 설정된 작은 계수 전송 체계[Set of Coefficients Broadcast]를 사용한다. 본 기술은 전리층 지연[Ionospheric Delays]으로 인한 의사 범위 오류[Pseudo-Range Errors]를 2배 정도까지 줄일 수 있는 것으로 보여져 왔다. 이와 같은 과정을 통해, SBAS는 어느 정도의 거리 오차를 줄임으로서, 보정 관련 무결성을 보장한다. 결과적으로, SBAS 이 전송 보정 관련 무결성[Integrity of the Broadcast Corrections]에 위협적일 수 있는 전리층 폭풍[Ionospheric Storms] 영향을 탐지할 수가 있으므로 인해, 시스템이 이와 같은 영향에 대해 보정값을 보정할 수할 수가 없을 경우에는 수직 유도 정보를 갖춘 접근 절차[Approach Procedure with Vertical Guidance : APV] 운영이 계속해서 지속되지 않도록 보장한다.

5.5.7 GBAS는 모든 신호 오류의 원천이 되는 의사범위 보정신호[Pseudo-Range Corrections] 뿐만 아니라, 지역적으로 발생되는 심각한 전리층 교란이 발생될 경우에도 무결성 정보를 효과적으로 전송할 수가 있다. 그러나, GBAS 서비스는 만약, 심각한 Scintillation 현상으로 인해, 항공기 항법시스템[Avionics] 또는 GBAS시스템이 인공위성으로부터 충분한 신호 수신[Lock]이 상실될 경우에는 전송이 손실될 것이다. 그리고 GBAS 고주파 데이터 전송[VHF Data Broadcast : VDB]시스템은 전리층 환경 조건에 영향을 받지는 않는다. 그러나 GBAS 무결성 모니터[Integrity Monitors]를 통해 사용된 전리층 위협 모델[Ionospheric Threat Mode]은 서비스 가용성을 저하시키거나, 또는 중위도[Mid-Latitudes] 지역에서 보다는 적도 지역[Equatorial Regions]에서 보다 많은 제약을 초래할 수 있는 지역에서의 환경 조건과 일치되어야만 한다. 이중 주파수[Dual Frequency]로 운영되는 GBAS 시스템은 전리층 지연 영향에 대해 신호보정 관련 보상[Compensate]이 가능함으로 인해 보다 적은 제약[Constraints]으로 시스템 성

능 개선이 가능하다.

5.5.8 태양 또한 GNSS시스템에 직접적인 영향을 미친다. 태양의 코로나로 인해 발생된 신호 교란은 지구에서 주간에 보이는 모든 인공위성들로부터 신호 수신에 영향을 받는 곳에서, GNSS의 주파수 밴드 상에서 무선 주파수 소음 수준을 증가시키는 원인이 될 수가 있다. 이와 관련하여, 어떤 경우에는 태양에 의한 무선주파수 밴드 폭발 강도에 따라 GNSS 수신기로 하여금 일시적으로 모든 인공위성으로부터의 신호 수신기능을 잃게 만들 수가 있다. 경험에 의하면, 이와 같은 피해사례는 한 시간 이상 지속되어 나타나 왔음을 보여주고 있다. 이와 같은 피해사례에 따른 수신기의 취약성은 자체 설계 측면에 크게 좌우 된다. 측지용 수신기[Geodesy Receivers]가 몇 분 동안에 모든 신호를 잃은 것으로 관찰되어져 왔지만, 그러나 항법 수신기 상에는 지금까지 중요한 영향[Significant Impact]은 탐지되지 못하여 왔다.

Chapter 6

GNSS 발전 동향 [Evolution]

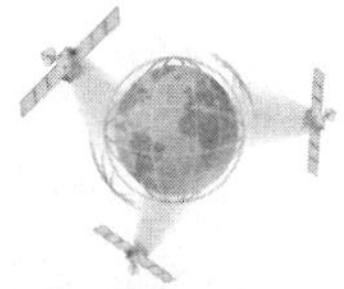

Global Navigation Satellite System(GNSS) Manual

6.1 일반사항[General]

6.1.1 GNSS 분야는 부록 C에서와 같이 기존 요소[Elements]을 개선하고 새로운 요소와 신호를 개발함으로써 더욱 발전하게 될 것이다. 이로 인해 GNSS 성능은 향상되겠지만, 그러나 운영상의 이점[Operational Benefits]을 제공해주기 위해 효과적으로 관리되어야만 하는 기술적인 복잡성이 대두될 것이다.

6.1.2 항공기 운영자에 의해 수용되는 핵심은 비즈니스 사례로써, 증가되는 운영상의 이점[Benefits]은 새로운 항공기 관련 항법시스템의 비용과 GNSS 인프라에서 차지하는 비용을 초과해야만 한다는 데 있다. GLONAS시스템을 포함한 ABAS, ABAS, SBAS 그리고 GBAS 등 뿐만 아니라, ADS-B 및 ADS-C 시스템들의 경우, 항공기 운영자들에게 이미 매우 뚜렷한 이점[Benefits]을 제공해 주고 있다. 그러나, 앞으로 더 많은 모든 기술적인 발전이 뚜렷하게 증가되는 이점[Benefits]을 계속해서 제공해 줄 것이라는 데는 분명치 않아 보인다. 이와 같은 이점[Benefits]을 개발 및 구현을 진행하기 위한 결정을 내리기에 앞서, 먼저 이러한 이점을 계량화[Quantify] 할 필요성이 있다.

6.1.3 만약, GNSS발전과 관련된 현안사항들[Issues]이 적절히 다루어지고 항공기 운영자들이 새로운 인공위성군[Constellation] 및 추가적인 신호를 도입하는 비즈니스 사례에 대해 만족을 하게 되는 경우, 어느 정도의 기술적 및 비사업적 문제[Institutional Issues]를 해결할 수 있음으로서, 운영상의 이점[Benefits]을 제공해 주게 될 것이다. 그 동안의 경험은 표준개발[Develop Standards] 및 빈번히 과소평가되는 인증 시스템 개발[Develop Certified Systems] 등 관련 기술적 개념[Technical Concept]에 대한 개선[Refine]이 필요할 시점[The Time]에 와 있음을 보여주었다. 각 체약국별 항공항행서비스[Air Navigation Services

: ANS]제공자들은 차세대 시스템을 기다리기 보다는 기존 GNSS 요소들[Elements]을 기반으로 하는 항법 성능 기반[Performance-Based Navigation] : PBN] 및 ADS-B시스템을 계속 제공하여야만 할 것이다. 따라서 이와 같은 정책은 항공기 운영자들에게 상당한 안전성과 효율적인 이점을 제공해 줄 뿐만 아니라, 향후 미래에는, 더 많은 이점을 가져다주기 위한 기반[Foundation]을 조성해 줄 것이다.

6.2 다중 인공위성군/다중 주파수를 통한 위성항법시스템[Multi-Constellation/Multi-Frequency GNSS]

6.2.1 오늘날의 GNSS 기반 서비스는 대부분 단일 주파수[Single Frequency]를 통해 서비스를 제공하는 미국의 GPS[Global Positioning System]에 의존한다. 그러나, 러시아의 GLONASS[Global Navigation Satellite System]는 이미 운용 중에 있으며, 중국의 BDS[BeiDou Navigation Satellite System] 및 유럽연합의 Galileo는 실전에 배치 중에 있다. 향후, 모든 위성군[Constellations]은 결국 단일 주파수[Single Frequency] 보다는 다중 주파수 밴드[Multiple Frequency Bands]를 통해 운영이 이루어 질 것이다. 아울러, 이와 같은 발전 동향은 GNSS 신호 보강위성시스템[Augmentation Systems : ABAS/SBAS/ GGBAS] 영역 내에서도 예상된다.

6.2.2 이와 같이, 향후 다중 주파수 밴드를 통해 전송되는 다중 위성군들로부터 GNSS 신호를 사용하게 될 경우, GNSS관련 기술 성능은 크게 향상될 것이다. 다시 말해, 독립적인 시스템들로부터 결합된 신호[Combined Signals]를 사용하게 될 경우 시스템 성능 향상은 물론 서비스 제공 범위를 크게 향상시킬 수가 있게 될 것이다. 이에 덧붙여, 신호 결합[Combining Signals]은 시스템 견고성 향상은 물론 GNSS시스템이 신호간섭 또는 시스템 장애 시, 시스템 성능 요건에 충족되도록 개선시켜 주게 될 것이다.

6.2.3 각각의 새로운 GNSS 신호는 신호 간섭 제거 기능을 향상시키는 필요한 더 높은 출력[Higher Power]을 포함한, 더 넓은 대역폭[Wider Bandwidth] 및 개선된 신호 설계[Improved Signal Designs] 등으로 인해, 신호 간섭에 대한 저항성은

더욱 더 강해질 것이다. 생명 안전을 위한 모든 응용프로그램[Safety-of-Life Applications]은 항공 무선항법 서비스[Aeronautical Radio-Navigation Service : ARNS] 대역 내에서 국제 전기통신 연합[International Telecommunication Union : ITU]에 할당된 신호를 통해 제공된 보호정책의 혜택을 받아야만 한다.

6.2.4 GNSS의 성능은 시야상[In View]에 나타나 있는 인공위성의 수[The number of Satellites]에 따라 민감하다. 다중 인공위성군[Multi-Constellation]을 갖추고 있는 GNSS는 그 수를 점차적으로 증가시켜 나아갈 것이다. 이로 인해, 특히 전리층에서의 Scintillation 현상으로 인한 개별 인공위성과의 연결[Lock]을 차단케 하는 지역에서, 서비스 관련 가용성[Availability]과 연속성[Continuity]을 개선케 할 것이다. 또한, 30대 이상의 인공위성에 대해 상호 운영 가능한 범위에서의 신호 가용성은 ABAS를 통해 최저시정치[Minima] 상황 하에서 전 세계 지역을 대상으로 수직적인 유도정보를 제공하는 접근절차 방식을 제공케 하거나, 또는 잠재적으로, 장기간에 걸쳐 외부 보정 신호[External Augmentation Signals]가 필요치 않게 만들 수가 있다.

6.2.5 두 번째 주파수의 가용성은 항공기 탑재 항법 시스템[Avionics]를 통해 실시간으로 전리층으로 인한 신호 지연[Delay]을 계산케 함으로써, 주요 오류원[Major Error Source]을 효과적으로 제거케 하도록 유도할 것이다. 미래의 이중 주파수, 다중 인공위성군[Dual-Frequency, Multi-Constellation : DFMC]을 갖춘 SBAS 시스템은 적도지역에 조차도, 60m(200ft) 만큼 낮은 최저 시정치하에서 수직 유도정보를 갖춘 접근절차[Approach Procedure with Vertical Guidance : APV]에 의한 서비스 가용성을 거의 100% 정도로 지원이 가능케 할 것이다. 또한 5.1.3조항에 기술된 바와 같이, 주파수 다양화는 의도치 않는 신호 간섭의 주요인은 하나 이상의 GNSS주파수에 대해 동시에 영향을 미칠 기능성이 매우 높기 때문에, 의도치 않는 신호 간섭에 대해 매우 효과적으로 완화 시킬 수가 있다.

6.2.6 여러 개의 독립적으로 구성된 인공위성군의 가용성[Availability of Multiple Independent Constellations]은 핵심적인 인공위성[Core Constellation]의 시스템 이중화[Redundancy]를 통해 주요 시스템 장애에 따른 서비스 장애 위험성을 완화 시켜줌은 물론, 운영 통제권 밖의 단일 GNSS 인공위성군[Single GNSS Constellation]에 의존하는 일부 체약국가들의 우려를 다루게 될 것이다.

6.3 Development of Standards

6.3.1 GNSS 요소들이 추가됨에 따라, 이에 대해서는 ICAO SARPs[Standard and Recommended Practices]을 포함한 기술적, 운영적, 및 경제적 요소 등을 고려 시 새로운 요소와 이상의 모든 요소들을 조합한 산업표준[Industry Standard]이 개발될 필요성이 대두되고 있다. 이와 같은 요소들에 대한 조합을 선택할 시에는 항공기 운영자(또는 항공사)와 항공항법시스템 제공자에게 비쳐질 수 있는 늘어나는 이점[Increment Benefits]에 대해 심도 있게 고려되어야만 할 것이다. 비록, PBN개념은 다양한 기술적인 솔루션을 통해 성능 기준을 충족토록 허용이 될 수 있겠지만, 그러나 보다 많은 운영자들이 인증비용을 분담할 수 있기 때문에 솔루션이 보다 적으면 상대적으로 비용 효율[Cost-Effective]이 더 높게 나타날 것이다. 이 또한 개별적인 민간항공 당국들이 여러 가지 기술적 선택을 평가하기 위한 자원을 투입할 필요성이 없기 때문에 이에 따른 소비되는 시간은 적을 수 밖에 없을 것이다.

6.3.2 다중 인공위성군[Multi-Constellation], 다중 주파수[Multi-Frequency] GNSS 시스템을 도입하기 위해서는 상호 운영이 가능하도록 서로 다른 GNSS 인공위성군에 필요한 신호의 필요성을 포함해, 법적인 책임 우려 가능성, GNSS 인공위성군들 간에 서로 다른 요소들을 잠재적으로 조합하기 위해 다루어야만 하는 보정시스템[Augmentation Systems]과 관련된 보다 복잡한 역할, 그리고 항공기 항법시스템[Avionics]을 비롯해, 항공기 통합 및 운영 제어 방식과 관련된 늘어나는 복잡성 등과 같은 수많은 새로운 도전들이 수반된다. 다중 인공위성군[Multi-Constellation]에 따른 이점[Benefits]을 실현하기 위해서는 ICAO를 포함해 체약국들, 항공항법시스템 제공자, 표준화 기구, 시스템 제작사 및 항공기 운영자들은 이와 같은 난관들을 극복하기 위해 실질적인 활동을 조정할 필요가 있다. 지금까지의 경험에 의하면, 이와 같은 과정상에서 명확성이 부족함[Lack of Clarity]으로 인해 진행이 지연되고 있음이 확인됨에 따라, 안전 규정[Safety Regulation] 및 감독[Oversight]에 주의를 기울일 필요성이 입증되었다.

6.3.3 GNSS 발전 과정은 항공기 운영자가 과도한 비용과 운영상의 불이익이 전가되지 않도록 하위 호환성[Backward Compatibility]을 보존해야만 할 것이다.

6.4 제도상의 문제[Institutional Issues]

현재의 GNSS 관련 항공기 탑재용 항법시스템[Avionics]은 인공위성 및 보정신호[Augmentation Signals]를 자동적으로 선택되도록 설정되어 있다. PBN 개념은 항공기 및 항공기 항법시스템 제작사들은 공역요건에 충족이 되도록 효과적인 하드웨어 및 소프트웨어 솔루션을 자유롭게 개발 할 수 있도록 허용하고 있다. GNSS 서비스 구현을 위한 계획 하에서, 각 체약국들은 제도적으로 주도되는 요건들 또는 특정 GNSS 관련 요소에 대한 사용 제한 등에 대해서는 회피[Avoid]하여만 한다. 이와 같은 요건들과 제한 사항들로 인해, 항공기 탑재용 항법시스템의 복잡성을 증가시키게 함으로써, 시스템 제작은 물론 유지보수 및 교육훈련 비용을 증가시키는 결과가 초례될 것이다. 더욱이, 복잡한 항공기 탑재용 항법시스템 인터페이스로 인해, 항공기 승무원에게 업무량을 가중시키게 함으로써, 결국 안전 위험[Safety Risks]을 발생시키는 결과를 초례할 수가 있다. 궁극적인 목표는 GNSS 관련 요소들을 제한 없이 사용할 수 있는 제도 및 법률 체계를 확립하기 위한 데 있다. 그 시점까지, ICAO와 항공 산업계에서는 다중 인공위성군[Multi-Constellation]을 갖춘 GNSS에 대한 점진적인 도입이 가능토록 현실적인 솔루션을 개발해야만 할 것이다.

6.5 핵심적인 인공위성군 관련 발전 동향[Core Constellation Evolution]

6.5.1 미국 위성항법 시스템의 발전 동향[GPS Evolution]

6.5.1.1 GPS는 GPS 보정[Augmentations]의 복잡성을 줄이기 위한 기능을 포함하는 시스템 가용성 및 가능성을 증가시키는 시스템을 더욱 견고하게 제작함으로써, 민간용 사용자의 요구조건을 충족시키기 위해 진화되고 있다.

6.5.1.2 본 L1C신호는 모든 GPS사용자들이 사용하는 코드화된 신호를 포함하는 L1 주파수대(1,575.42MHz)를 통해 전송이 이루어지는 민간용 신호이기 때문에, 역호환[Backward Compatible]용으로도 사용이 가능하다. 또한 본 L1C 신호는 첫 번째 Block-Ⅲ 인공위성의 발사[Launch]용으로도 사용이 가능하다. 본 GPS인공위성은 항공기 수신기에 의한 추적이 개선되도록 지원하기 위해 보다

높은 출력과 기타 특징들을 갖추게 됨으로써, 향후 갈릴레오 인공위성과의 호환성이 보다 크게 강화될 것이다. 본 계획은 약 2021년도까지는 L1C주파수를 통해 24시간 인공위성을 운영하는 것이다.

6.5.1.3 1,176.45MHz 주파수대의 부가적인 신호[L5]는 민간항공의 안전요구 사항을 고려하여 설계되었다. 본 L5신호는 L1 C/A 신호보다는 더 강력하며 Block-IIF 및 Block-III 인공위성을 통해 송신이 이루어진다. 또한 본 L5신호는 2024년도 기간 중에 24개의 GPS 인공위성을 통해 전송이 이루어질 것이다.

6.5.1.4 비록, L2 주파수대(1,227.60MHz)가 GPS 표준 위치 서비스[Standard Positioning Service : SPS]의 일부에는 해당되지 않지만, 그러나 SBAS 시스템 제공자들을 포함하는 많은 민간 사용자들은 자신들의 요구사항을 지원하기 위해 암호화 되지 않은[Codeless] 또는 반 암호화 되지 않은[Semi-Codeless] 이중 주파수[Dual Frequency]용 수신기를 사용할 것이다. 암호화된 신호(L2C)는 L2 주파수대(1,227.60MHz)에 추가되어 있다. L2 주파수대는 항공 무선항법 서비스용으로 보호되는 대역에는 포함되어 있지 않기 때문에 민간항공용으로 직접 사용할 수는 없다. L2 주파수대의 암호화 없는[Codeless] 및 반암호화 없는[Semi-Codeless] 접근[Access]에 의존하는 SBAS 제공자들을 포함한 사용자들은 24대 GPS 인공위성이 L5 주파수대로 이용이 가능하도록 개발된 이후 2년 이내에 L5 또는 L2C 주파수대로 전환해야만 한다. L5 주파수대 신호는 2024년도 중에 24대의 GPS 인공위성을 통해 전송이 될 예정이며, L2C 주파수대 신호는 2021년까지만 24대의 GPS 인공위성을 통해 이용될 수 있을 것이다.

6.5.1.5 본 GPS-III 프로그램 상에는 향후 30년 간 민간 및 군사용 요구 조건을 지원하기 위한, 보다 향상된 L1, L2 및 L5 주파수대 신호들이 포함되어 있다. 이와 관련하여, 해결되어야만 할 과제들은 다음과 같다. 먼저 민간용 및 군사용 GPS 사용자들의 요구조건을 대변할 것, 그리고 운영 목표 내에서 GPS-Ⅲ 요구조건을 수용할 것, 2030년까지 사용자 요구 조건을 충족시키도록 미래 변화에 대한 유연성을 제공할 것, 마지막으로 국제적인 공익사업으로 정밀한 위치 및 시간 정보에 의존도를 높이도록 견고성을 제공할 것 등으로 요약된다.

6.5.2 러시아 연합 위성항법 시스템의 발전 동향[GLONASS Evolution]

6.5.2.1 GLONASS 개발과 현대화를 위해 러시아 연방의 장기(2020년 까지) 프로그램은 공간[Space] 및 관제구역[Control Segments]에 대한 기능 향상[Upgrade]을 예상한다.

6.5.2.2 2017년 현재 GLONASS관련 인공위성군[Constellation]의 위성 수는 7년의 수명과 다음과 같은 기술 특성을 갖는 22대의 GLONASS-M으로 구성이 되어 있다. 즉, 한 대의 GLONASS-M 인공위성에서는 L3주파수대를 통해 코드 분할 다중접속[Code-Division Multiple-Access : CDMA] 통식방식을 부가하여 송신함과 아울러, 한 대의 GLONASS-K 인공위성에서는 기준 선택[Standard Option]사항으로써 L3 주파수대를 통해 CDMA으로 송신한다.

6.5.2.3 다음에 진행될 Upgrade 과제는 보다 나은 정확성과 10년 이상의 수명을 갖춘 9대(또는 가능하면 11대 까지)로 구성된 GLONASS-K의 인공위성군[Constellation]을 개발할 예정이다. 본 GLONASS-K 인공위성에서는 L1 주파수대를 통한 주파수 분할 다중접속[Frequency Division Multiple Access : FDMA] 통신방식을 이용해 표준정확도를 갖춘 채널[Channel of Standard Accuracy : CSA]로 항법신호를 함께 송신할 예정이며, 새로운 CDMA 항법신호는 L1 및 L3 주파수대를 통해 또한 전송될 예정이다. 러시아 연방국에서는 또한 조난 선박의 수색을 위한 우주 시스템[COSPAS]과 글로벌 검색 및 위성지원시스템[SARSAT]으로부터의 구조 신호를 수신 및 재송신하기 위한 기술 성능을 소개할 것이다.

6.6 계획된 새로운 핵심적인 인공위성군[Planned New Core Constellations]

6.6.1 유럽연합 위성항법시스템[Galileo]

6.6.1.1 본 Galileo는 갈레이오 인공위성으로부터 세계 모든 지역에서의 위치 및 시간 정보를 결정하기 위해 정밀한 거리 측정절차를 사용하는 인공위성 기반 무선항법 시스템을 말한다. 본 시스템은 유럽연합을 대표하여 운영된다.

6.6.1.2 2019/2020년경에는 완전히 배치될 갈릴레오 시스템은 우주 공간의 3개 궤도

평면상에서 30개의 중위도 궤도[Medium Earth Orbit : MEO] 구역을 대상으로 24대의 주 운영 위성과 6대의 예비위성군[Constellations]이 운영될 예정이며, 지상에는 유럽지역에 중앙제어국[Control Centres]이 위치함과 아울러 전 세계지역에는 센서 연결망과 송신국[Up-Link Stations]들이 설치될 예정이다.

6.6.1.3 본 Galileo의 글로벌 신호는개방적이고, 상업적이면서 공개적으로 규정된 서비스를 지원하게 될 것이다. 또한 본 Galileo 시스템은 러시아 연합의 GLONASS 시스템과 같이 COSPAS-SARST와 호환이 가능함으로써, 탐색 및 구조[Search and Rescue : SAR] 서비스를 제공할 수 있게 될 것이다. 표준화된 보정시스템[Augmentation System]과 결합되어 운영되는 항공 관련 응용프로그램[Applications]을 지원하는 개방적인 서비스 신호들은 각각 E1, E5 b 및 E5a로 알려진 3개 주파수인 1,575.420MHz를 포함한, 1,191.795MHz 및 1,176.450MHz 신호를 통해 제공된다. 초기의 수신기는 처음에는 E1 및 ESa주파수대를 통해 전송되는 신호를 이용하게 될 것이다.

6.6.1.4 최초의 서비스에 대한 공표[Declaration]는 부분적으로 배치된 인공위성군[Constellation]을 기준으로 개방적이고 공개적으로 규정된 탐색 및 구조[SAR] 서비스를 대상으로 12월 달에 이루어졌다. 본 서비스에 대한 역량[Capabilities]은 인공위성군[Constellation] 배치가 거의 완료될 시점에 충분한 성능으로 점차 발전하게 될 것이다.

6.6.1.5 갈릴레오 시스템에 대한 공식적인 서비스는 일단 안정적인 서비스에 도달될 경우 국제적인 항공 공동체[International Aviation Community]를 통해 사용이 제공될 것이다.

6.6.1.6 본 ICAO 항법시스템 관련 협의체[Navigation Systems Panel : NSP]의 작업 프로그램 상에는 갈레레오를 위해 계획된 서비스 구현 계획에 상응하는 단계적 접근 절차를 갖춘 갈릴레오 시스템 관련 SARPs 개발이 포함되어 있다.

6.6.1.7 비록 갈릴레오 시스템이 분명히 독립적이지만, 그러나 GPS 및 GLONASS와는 상호 호환이 가능하다.

6.6.1.8 우주 공간상에서의 갈릴레오의 신호[Signal-In-Space : SIS]에 대한 인터페이스 조종절차[Interface Control] 관련 문서와 서비스 정의[Service Definition] 관련 문서자료는 GSA web site www.gsc-europa.eu 상에서 열람이 가능하다.

6.6.2 중국 위성항법시스템[BeiDou Navigation Satellite System : BDS]

6.6.2.1 본 베이도우 위성항법 시스템 [BeiDou Navigation Satellite System : BDS]은 5대의 지구정지궤도[Geostationary Earth Orbit : GEO] 및 30대의 비 지구정지궤도[Non-Geostationary Earth Orbit : N-GEO] 인공위성들로 구성된 총 35대의 인공위성군[Constellations]을 통해 전 세계지역을 대상으로 서비스를 제공할 예정이다. 참고로, 여기에서 30대의 비 지구정지궤도 인공위성 중 3대는 경사각을 갖는 지구동기궤도[Inclined Geosynchronous Orbit : IGSO] 용으로, 그리고 27대는 중위도 지구궤도[Medium Earth Orbit : GEO] 용으로 운영될 예정이다. 한편 중국은 2011년 12월27일, BDS시스템을 통해 지역을 기반으로 운영서비스를 제공하기 시작하였음을 공식적으로 발표하였다.

6.6.2.2 본 BDS 시스템은 단계적인 시행계획에 따라, 현재는 아시아 태평양지역을 대상으로, 그리고 2020년 경에는 전세계 지역을 대상으로 서비스를 제공할 예정에 있다.

6.6.2.3 본 BDS시스템은 세계지역을 대상으로, 다음과 같이 두 가지 방안으로 서비스 제공을 운영할 것이다. 즉 한 가지 방안은 개방된 서비스[Open Service]로써, 모든 사용자에게 무료로 서비스를 제공할 예정이며, 나머지 한 가지 방안은 권한을 부여받은 사용자만을 대상으로 제공하는 서비스[Authorized Service]로써, 복잡한 상황 하에서 조차도 높은 신뢰성을 보장해 주게 될 것이다. 부가적으로, 본 BDS시스템은 또한 넓은 지역을 대상으로 하는 차별화된 서비스[Wide Area Differential Service]와 단문 서비스[Short-Message Service] 등 두 가지 종류의 지역적인 서비스[Regional Service]를 제공하게 될 것이다.

6.6.2.4 본 베이도우 위성기반 보정시스템[BeiDou Satellite-Based Augmentation System : BDSBAS]은 BDS시스템의 통합적인 한 부분에 해당된다. 한편 SBAS서비스를 제공하기 위해, BDS인공위성군[Constellations] 중에서 3대의 지구정지궤도용 인공위성을 사용하게 될 것이다. 먼저, BDSBAS위성 비행체를 갖춘 BDS 지구정지궤도용 인공위성은 2018년도에 발사될 예정이며, 2020년경까지는 3대의 모든 인공위성을 배치할 예정이다. BDSBAS시스템에 대한 초기 승인은 비정밀 접근절차[Non-Precision Approach : NPA]를 통해

비행절차가 수행되는 항로[En-Route] 구역을 대상으로 이루어질 것이다. 중국은 본 시스템이 Annex 10 SARPs기준에 충족되도록 호환성과 상호운영성[Compatibility and Interoperability]을 보증할 것이다.

6.6.2.5 지구 공간상에서의 BDS 신호 인터페이스 제어 관련 문서[Signal-In-Space Interface Control Document : ICD](Test Version)은 2011년 12월 27일 출판되었으며, 최신 개정판(ICD Version 2.1)은 2016년 12월 7일 출시되었다. 본 문서 완성본[Complete Document] 및 자체 갱신본[Updates Document]은 점차적으로, 공개될 예정이며, 본 문서자료들은 공식적인 BDS 정부 웹사이트[www.beidou.gov.cn or en.beidou.gov.cn(English version)]을 통해 열람이 가능하다.

6.7 항공기 기반 보정시스템의 발전 동향[ABAS Evolution]

본 시스템 관련 이중 인공위성군 및 주파수 다양성에 대한 가용성[Availability of Multiple Constellations and Frequency Diversity]을 통해 비정밀 접근절차[Non-Precesion Approach : NPA]가 수행되는 항로관제구역에서의 높은 가용성[Availiability for En-Route]과 전세계 지역을 대상으로 하는 수직유도정보를 갖춘 접근절차[Approach Procedure with Vertical Guidance : APV]를 지원할 수 있는 보다 진보된 수신기 자체의 무결성 감시시스템[Advanced-Receiver Autonomous Integrity Monitoring : A-RAIM]을 개발할 수 있는 가능성을 제공한다. 본 A-RAIM시스템에 의한 조사들을 통해 핵심적인 인공위성군[Core Satellite Constellation] 및 인공위성 신뢰성 변수들[Satellite Reliability Parameters] 또는 시간 단위로 보정 신호[Augmentation Signal]을 필요로 하는 A-RAIW시스템에 대한 무결성 지원 메시지들[Inegrity Support Messages]을 재생할 필요성을 확인한다.

본 A-RAIM 시스템을 위한 무결성 지원 메시지들[Integrity Support Messages은 무결성 데이터 채널[Integrity Data Channel]을 통한 핵심적인 인공위성군[Core Constellations] 또는 인공위성기반 보정시스템[SBAS]을 통해 전송될 것이다. 본 A-RAIM시스템의 감시용 알고리즘[Monitoring Algorithms]은 인공위성의 장애발생을 신속히 탐지함은 물론 사용자가 위치한 지점에서의 위치 정보 계산[User Position Calculation] 시 장애가 발생된 인공위성을 배제[Excluding Faulty Satellites]시킴으로써, 사용자를 보호하도록 동작이 이루어질 것이다. 이와 같은 개념에서, 향후 더 많은 연구를 비롯해, 개발 및 검증이 필요하지만, 그러나 장기적인 관점에서 볼 때, 핵심적인 인공위성군[Core Constellations] 또는 SBAS시스템에 대한 무결성 요구 조건들[Integrity Requirements]은 단순화[Simplify] 될 수 있다. 한편, 적어도 두 그룹의 핵심적인 인공위성군[Two Core Constellations]은 A-RAIW 시스템을 기반으로 하는 수직유도정보를 갖춘 접근절차[Approach Proccedure with Vertical Guidance : APV]를 이행하는데 사용되도록 요구될 것이다.

6.8 위성기반 보정시스템의 발전 동향[SBAS Evolution]

6.8.1 현재, 계획된 SBAS 지구 정지궤도 인공위성[Geostationary Earth Orbit(Satellite) : GEOs] 상에는 L1 및 L5주파수대를 통해 전송되는 범위 정보[Range Signal]들이 포함되어 있다. 이중 주파수[Dual Frequency]를 통해 운영되는 SBAS관련 항법시스템[Avionics]이 개발될 경우, 시스템 사용자들에게는 상당한 기술적 이점[Significant Technical Benefits]을 가져다주게 될 것이다.

6.8.2 본 SBAS시스템에 대한 향후 발전 동향 상에는 또한 잠재적으로, CAT-Ⅱ접근절차를 지원하기 위한 다중 GNSS 인공위성군[Multiple GNSS Constellations]을 위한 보정시스템[Augmentations]이 포함될 것이다. 전리층에 의한 인공위성의 정보 지연의 원인은 주파수 기능[Function of Frequency]에 있기 때문에, 이중 주파수[Dual Frequency]를 통해 운영되는 항법시스템[Avionics]은 Scintillation이 발생되지 않는 한은 자체적으로 신호 지연을 보정할 수가 있게 될 것이다. 이와 같이 발전된 항법 시스템으로 인해, 전리층 격자점[Ionosheric Grid Points]을 비롯해 지연값[Delay Values] 및 오류 추정[Estimates of Error] 등에 대한 정보를 전송할 필요성은 없어지게 될 것이다. 이로 인해, 적도 상에 위치한 체약국가들에 대해서도 확대하여 수직 유도정보를 갖춘 접근절차[Approach Procedure with Vertical Guidance]를 제공이 가능하게 될 것이다.

6.9 지상기반 보정시스템의 발전 동향[GBAS Evolution]

6.9.1 현재, Annex 10상에 명시된 GBAS시스템은 단일 주파수[Single Frequency]대를 통해 CAT-Ⅰ접근절차를 제공하고 있다. 한편, 러시아 연방국에서는 GBAS 접근절차를 지원하기 위해 GLONASS와 GPS신호를 처리하는 시제용[Prototype] 시스템을 개발하였다.

6.9.2 본 시스템을 2018년도 경에 CAT-Ⅲ운영을 지원하도록 하기 위해 기술적 및 운영적 측면에 대한 타당성 검증을 거친 ICAO Annex 10 개정판은 실제 적용 가능성을 목표로 제안 중에 있다. 본 개정판에서는 향후 미래의 서비스가 구형[Legacy] GBAS관련 항법시스템[Avionics]과 호환이 되도록 보장하기 위해, 다중[Multiple] GBAS 접근절차 서비스 유형[GBAS Approach Service Type : GAST]과 관련 시스템에 대한 분류체계 등이 제시되어 있다. 특히, 새로운 요구사항에는 CAT-Ⅲ or ⅢB 운영등급 관련 무결성 요구조건에 충족되도록 하기 위해, 지상국과 항공기 탑재용 항법시스템 모두에 강화된 감시기능[Enhanced Monitoring]이 갖추지도록 명시되어 있다.

6.9.3 GBAS 관련 다음 발전단계에서는 다중 주파수[Multiple Frequency] 및 다중 인공위성군[Multiple Constellations]으로 구성된 시스템으로 확장이 되어 운영될 것이다. 만약 다중 주파수를 사용하여 운영할 경우, 전리층 이상[Ionospheric Anomalies]으로 발생되는 오류 신호에 대해, 더욱 강력한 감시 와 탐지[Robust Monitoring and Detection]가 가능하게 될 것이다. 또한, 다중 인공위성군[Multiple Constellations]을 통해 운영이 이루어질 경우, CAT II/III 운영을 지원함과 아울러, 흔히 발생되는 오류[Common Mode Errors]를 완화시키는데 필요한 강력한 기하학[Geometries]상의 가용성을 높일 수 있게 될 것이다.

6.9.4 향후에 예상되는 보다 발전된 시스템들은 진보된 지상 이동안내 제어시스템[Advanced Surface Movement Guidance and Control]을 비롯해, 상황 인식 지상 감시 시스템[Surface Surveillance for Situational Awareness], 충돌 감지 및 경고 시스템[Conflict Detection and Alerting], 저시정 시 이륙안내 시스템[Low Visibility Take-off Guidance], 출발 안내절차 시스템[Guided Departure Procedures], 복잡한 접근경로[Complex Approach Paths] 및 표준 최소시정치[Standard Minima]보다 더 낮은 시정치하에서 이루어지는 CAT-

Ⅰ/CAT-Ⅱ 접근절차 등과 같은 다양하게 강화된 운영성능을 통해 지원될 수가 있다. 현재 기존의 GBAS SARPs기준상으로는 이와 같은 성능을 어느 정도는 지원이 가능할 수는 있지만, 그러나 향후 예상되는 발전 가능성 측면을 고려할 때, 시스템 도입은 무리 없이 가능할 수 있을 것이다.

Chapter 7

위성항법시스템 기반 서비스 이행 [Implementation of GNSS-Based Services]

Global Navigation Satellite System(GNSS) Manual

7.1 일반사항[General]

7.1.1 항공산업의 성장과 더불어 연료 소비 및 배출을 줄이기 위한 긴급한 필요성은 증가되는 공역을 포함해, 공항수용력 및 각 항공기가 선호하는 궤적[Preferred Trajectory], 즉 항로 및 고도[Route and Altitude]을 제공하는데 초점을 두고 검토[Demand]가 이루어져야 한다. 항공기 운용자들(또는 항공사)은 가능한 한 가장 낮은 최저시정치 조건에서 충분한 안전이 보장된 수직유도 이점[Benefit of Vertical Guidance] 갖춘 접근절차 방식을 통한 효율적인 이득[Efficiency Gains]을 요구한다. 사실 수직 유도 정보가 지원되지 않을 경우에 있어서, CFIT [Controlled Flight Into Terrain] 항공기 사고는 아직도 적어도 항공기 안전을 위한 공동체 관련의 일부분으로써, 존재되고 있다. 또 다른 주요 목표 중 하나는 인구가 밀집되어 있는 지역에서의 항공기로 인한 소음을 저감시키는 데 있다. GNSS기반 서비스는 이와 같은 목표를 충족할 수가 있을 뿐만 아니라, 이미 항공기 운영자들에게 충분한 안전성과 효율적인 이점[Benefits]을 제공해 왔다. 한편 성능기반 항법절차[Performance-Based Navigation : PBN] 관련 지침서[Manual]인 ICAO Doc 9613상에는 GNSS기반 항법절차 서비스를 이행하기 위해 필요한 지침절차가 제시되어 있다.

7.1.2 GNSS기반 운영절차는 1993년도 경에 여러 체약국가들을 통해 처음 승인이 이루어 졌다. 그리고 수많은 기타 체약국들에 의해 서비스 관련 법령체계가 개발이 되어 왔지만, 그러나 GNSS 기반 관련 접근절차들에 대해서는 아직 범세계적인 측면에서 전사적인 승인 절차가 이루어지지 못하고 있다. 체약국들은 GNSS기반 서비스 사용을 허용하기 위해 수많은 항공당국들이 정한 선례들을 따를 것을 권고했다. 현재 이와 같은 목표가 가능하리라고 여기지 않는 상황 하에서, 일련의

전제 조건을 개발하거나, 또는 GNSS기반 서비스 사용 시 필요한 요건들을 수용하는 체약국들은 목표 달성이 가능하리라 인정하게 될 것이다.

7.1.3 보다 궁극적인 목표는 안전 및 보안 분석과정을 통해 지원되는 가장 경제적인 이점을 창출하기 위해 해법을 보여줄 수 있는 정도로 GNSS기반 서비스로 전환하는데 있다. 그럼에도 불구하고, GNSS시스템 신호의 취약성[Vulnerability of GNSS Signals]으로 인해, 거리측정장비[Distance Measuring Equipment : DME] 및 계기착륙시스템[Instrument Landing System : ILS]은 미래에도 계속 존속되어 운영이 될 것으로 예상된다.

7.2 국제적인 이행 계획[International Implementation Planning]

7.2.1 글로벌 ATM시스템과 관련된 끊임 없는 발전 과정의 기초[Basis for Developing]는 ATM 지역에서의 주요 교통흐름[Major Traffic Flows]으로 일치된 동일한 구조[Agreed Structure of Homogeneous]을 통해 비롯된다. 이를 위해, 체약국들에게는 인력에 대한 가용성[Personnel Availability]과 요구사항[Requirements]들을 포함하는 예측된 항공교통 및 ATM 관련 인프라[ATM Infrastructure]를 비롯해, 현재 예측 가능한 항공 인구 및 능력[Foreseeable Aircraft Population and Capabilities]을 평가하는데 협력할 필요성이 요구된다. 그래야만 그 때가서, 체약국들은 글로벌 항공항행계획[Global Air Navigation Plan : GANP]관련 성능 목표[Performance Objectives]를 충족하게 될 개선된 서비스를 계획할 수 있음과 아울러, 성능차이[Gabs in Performance]를 확인할 수 있게 될 것이다.

7.2.2 적절한 GNSS 이행 결정을 내리는 과정에서, 각 체약국들에게는 ICAO 계획 및 이행 지역 그룹[Planning and Implementation Regional Groups ; PIRGs] 및 자체의 부속그룹[Subgroups]에서 이용할 수 있는 전문지식[Expertise]과 정보들을 활용할 것을 권장한다. ICAO에서는 다음과 같은 과정에 대해 기여할 위임[Mandate]을 가지고 있다 ;

a) 지역 계획 그룹[Regional Planning Groups]을 통한 지역 및 지역 간 조정 과정[Regional and Interregional Coordination]을 보장하는 것 ;

b) 각 체약국들과 국제 조직들 간의 전문지식 및 정보를 교환하기 위한 회의 [Forum]을 추진하는 것 ; 그리고,

c) 이와 같은 원조를 지원하기 위한 주선 업무[Arranging]를 수행하는 것을 포함해, 지역들마다 필요로 하는 기술적인 지원을 확인하는 것 등.

7.2.3 각 체약국들은 ICAO조직(또는 기구) 내에서 다루지 않는 세부 사항들[Detail Aspects]과 관련하여 양자 및 다자 간 조정업무[Bilateral and Multilateral Coordination]를 추진해 나아가야만 한다.

7.3 운영 개념 관련 개발 동향[Development of a Concept of Operations : CONOPS]

7.3.1 GNSS기반 서비스 이행이 결정된 이후에 이어지는 다음 단계 과제는 운영 개념 [Concept of Operations : CONOPS]에 대한 개발이 되어야 할 것이다. 본 과제를 이행하기 위해서는, 국가 및 지역 차원[National and Regional Levels]의 이해당사자들[Stakeholders]을 참여시켜야 하고, 서비스 및 활성화 기술[Enabling Technology]에 대한 개괄적인 설명[High-Level Description]을 시작으로 진행이 되어야만 할 것이다. 본 운영 개념[CONOPS]이란? 항공기 승무원과 항공관제사 등과 같은 사용자들 관점에서 본 서비스 특성에 대한 설명을 의미한다. 또한 본 운영개념[CONOPS] 상에는 서비스에 미치는 목표를 비롯해, 전략, 정책, 및 제약들이 명시되어져야만 할 것이다. 여기에는 명확한 책임 진술[Clear Statement of Responsibilities]을 포함하는 참여자들과 이해관계자들 간의 조직은 물론 활동 및 상호작용[Interactions]에 대해 확인이 이루어져야만 할 것이다. 뿐만 아니라, 본 개념상에는 안전사례를 비롯해, 비즈니스 사례 및 규정 등에 대한 개발이 지원되어야만 한다. 여기에서, 일단 안전사례와 비즈니스 사례가 유효한 것으로 협의가 이루어질 경우엔, 항공항법시스템[ANS] 제공자는 포괄적인 이행계획을 개발할 수 있게 될 것이다.

7.3.2 비지니스 사례는 시행을 결정[Decision to Implement]하는 핵심요소가 될 것이기 때문에, 분석이 유효한[Analysis is Valid] 모든 이해관계자들, 특히 항공기 운영자들을 통해 받아들여진 비용과 운영편익[Costs and Operational Benefits]

을 정의[Defining] 및 정량화[Quantifying]하는데 초점이 이루어져야 한다. 항로 및 터미널 공역에서 비행이 운영될 경우에는, 항공기 탑재 장비[Avionics]의 성능수준에 따라 편익[Benefits]이 결정된다. 영공 설계[Airspace Design]시 항법시스템을 장착 또는 비장착한 항공기를 수용해야만 하는 한 이에 따른 편익[Benefits]은 제한을 받게 될 것이다. 따라서, 이와 같은 편익은 시스템을 장착한 항공기가 보다 낮은 최저 시정치하에서의 편익을 얻게 되는 동안에 이루어지는 접근절차 운영 시의 경우에는 적용되지 않는다.

7.3.3 안전평가[Safety Assessment]는 운영개념[CONOPS]의 첫 단계에서부터 시작이 되어, 각 단계에서는 확인된 위험 및 위기[Hazards and Risks]는 운영 개념을 어느 정도 조정함으로써, 후속단계에 들어가서는 다소 완화[Mitigated]되어야만 할 것이다. 본 운영 개념은 결국, 가정[Assumptions]을 포함한 편익 비용에 대한 정량화[Quantify Benefits and Costs]에 대한 유효[Validate]와 아울러, 안전 위기 완화 조치[Safety Risk Mitigation Measures]를 확인하는 데 사용될 수 있는 지점[Point]에 도달하게 될 것이다.

7.3.4 운영 개념[CONOPS]을 개발할 경우, 체약국들 또는 지역단체들은 본 장[Chapter]에 명시된 다음과 같은 요소들을 고려할 필요가 있다 :

a) 지역 단위 계획[Regional Plans] 상에 제시되어 있는 대로 현재 및 예정된 지역 및 국가별 교통흐름량[Volumes] ;
b) 항공기 운영자들을 통해 확인된 요구사항을 포함한 한 계획된 비행대[Fleet] 구성 및 항법시스템 탑재;
c) 지역별 국가의 계획[Plans of States in the Region] ;
d) 비지니스 사례 분석[Business Case Analysis] ;
e) 시스템 안전성 평가[System Safety Assessment] ;
f) 인증 및 운영 승인[Certification and Operational Approvals] ;
g) 항공항법서비스[ANS] 제공 종사자 및 항공승무원에 대한 교육 훈련 ;
h) 공역 계획 및 절차 개발[Airspace Planning and Procedure Development] ;
i) 공역을 포함하는 ATM 및 ATC 표준화를 비롯해, 절차 및 자동화 시스템을 포함하는 ATC 고려사항들 ;
j) 시스템 장애 고시를 포함하는 비행정보 서비스[Aeronautical Information Services : AIS] ;

k) GNSS 신호 취약성 이상 징후[Vulnerability And Anomaly]/신호간섭 발생 보고서[Interference Reporting] ;

l) 매연 방출 및 소음으로 인한 환경 영향[Effects on the Environment, Including Emissions and Noise ; 그리고

m) 전환 계획[Transition Planning]; 등.

7.3.5 각체약국들은 의사결정[Decision Making] 및 계획을 안내할 수 있는 유효한 운영개념[CONPOS]를 개발하고, 앞서 언급된 요소들을 다루기 위해 다음과 같은 그룹에서의 참석자들을 포함시켜야만 할 것이다 ;

a) 항공기 운영자-비즈니스 사례를 검증하고 편익을 평가[Assess Benefits]할 수 있는 의사결정 역할을 수행할 인력 ;

b) 항공기 운영-운영절차 및 안전평가를 검증할 수 있는 항공사를 비롯해, 비즈니스 항공 및 일반적인 항공분야 등의 인력에 대한 교육을 수행할 인력 ;

c) 항공교통 서비스-공역설계, ATC절차 및 관제사 등에 대한 교육을 수행할 인력 ;

d) 감항성 기준[Airworthiness Standards]-항공기 항법시스템 및 설치를 승인할 책임 있는 인력 ;

e) 항공 관련 기준[Aviation Standards]-공역 설계[Airspace Design] 및 계기접근절차[Instrument Approach Procedures] 등에 대한 기준을 개발할 책임 있는 인력 ;

f) 비행정보 서비스[Aeronautical Information Service : AIS]-AIS 및 항법관련 데이터베이스를 포함한 절차 설계 및 NOTAM 등을 조사할 능력을 갖춘 인력 ;

g) 규정[Regulatory]-운영 및 기타 승인업무, 항공기 승무원 훈련요구조건 및 운영개념 개발이 정상적으로 규정된 활동이 아닌 시점부터 규제라는 장애물을 예측하기 위한 비행절차에 책임질 수 있는 인력 ;

h) 비행장 운영자[Aerodrome Operators]-접근절차 운영을 지원하기 위해, 비행장 인프라 개발에 책임을 질 수 있는 인력 ;

i) 엔지니어링[Engineering]-항공기 항법시스템을 포함하는 CNS/ATM 시스템과 장비를 설계하는데 책임을 질 수 있는 인력;

j) 군 대표단[Military Representatives] ;

k) 지역별 체약국 및 ICAO관련 민간항공 관계자[Civil Aviation Officials] ; 그리고

l) 노동조합 및 기타 GNSS사용자들을 포함하는 기타 이해관계자 그룹[Other Stakeholder Groups].

7.3.6 규제자[Regulators] 및 항공항법서비스[Air Navigation Service : ANS] 제공자의 공동목표는 적시에 효과적인 방법으로 GNSS기술의 이점을 가진 항공기 운영자를 지원하는 동안에 수준 높은 안전표준을 보장하기 위한 데 있다. 이것은 항공 공동체의 필요성에 대응하는 규제 승인을 위한 조건상태 뿐만 아니라, 표준, 시스템, 공역 및 절차 등에 대한 개발에 상호 협조적인 접근법이 필요하다. 이는 ANS제공자가 국가기관 또는 개인회사이든지 간에 적용을 받는다. 규제자 및 ANS 제공자 조직은 부록 B에 명시된 명확한 과업에 대해 자원을 할당하여야만 할 것이다.

7.4 비즈니스 사례 분석[Business Case Analysis]

7.4.1 소개[Introduction]

7.4.1.1 새로운 항공항행 서비스를 이행하기에 앞서, 무엇보다 항공기 운영자 및 항공항행 서비스 제공자들에 대한 세부적인 비용 관련 영향보고서[Impact Statement]를 개발할 필요성이 있다. GNSS기반 서비스 관련 이점[Benefits]은 만약 항공기 운영자들 스스로가 늘어난 비용을 초과하는 제안된[Proposed] 서비스에 따른 증가된 이점에 대해 그들이 만족할 때 만이 결정하게 될 필요한 항법시스템[Avionics]을 장착함으로써, 실현될 것이다. 새로운 항법시스템을 항공전단에 장착하는 데에는[Refitting a Fleet of Aircraft with New Avionics], 비용이 매우 과다하게 지출될 뿐 아니라 이를 달성하는 데에는 수년이 소요될 수가 있으며, 운영자들은 보통 빠른 투자 수익을 추구하게 된다. 경험에 따르면, 구식 항공전단[Fleet of Older Aircraft]을 보유하고 있는 항공기 운영자들은 새로운 항공기를 구입할 때까지는 기다리기로 결정하는 것으로 나타났다. 본 분석 과정에서, 모든 항공기상에 새로운 항법시스템이 장착될 때까지는 이점[Benefits]이 점진적으로 증가되는 동안 전환되는 기간을 고려하여야만 한다. 이와 같은 이유들로 인해, 항공항법서비스[ANS] 제공자들은 운영개념[CONOPS]개발 참여자들을 통해 확인된 모든 비용과 편익을 회계처리 하는

항공기 운영자와 함께 종합적인 비즈니스 사례 개발에 대해 조율(또는 조정)해 나아가야만 할 것이다. 본 비즈니스 사례에서는 관련된 운영개념[CONOPS]이 신뢰될 수 있는 경우에만, 참가자들을 만족시키기 위한 시뮬레이션 시험이 필요하게 될 것이다.

7.4.1.2 시스템 취득을 비롯해, 운영 및 유지보수비용 등과 함께 항공항행서비스 제공자들은 항법시스템 개발, 통합 및 운영 승인 등에 대한 비용을 공유할 가능성이 있는 절차개발, 훈련 등을 포함하는 운영 이행[Operational Implementation]에 소요되는 자금을 조달해야만 한다. 항공항법서비스 제종자들은 운영에 따른 이점을 제공하는 공역절차 관련 설계에 따른 장착에 대해 인센티브를 제공하여야만 할 것이다.

7.4.1.3 경우에 따라, 물자공급 및 의료 후송[Medical Evacuation] 등과 같은 항공기에 의존하는 커뮤니티와 같은 정량화가 불가능한 편익[Non-Quantifiable Benefits]에 대해서는 이행결정[Implementation Decision]이 추진될 것이다.

7.4.1.4 본 분석절차 과정상에서는 과도기간[Transition Period] 동안에 발생된 비용회수, 수익정책 및 추가 비용 등과 같은 요소들이 고려되어야만 할 것이다. 그러나 확인된 경험상에서, 항공기 운영자들은 운영개념[CONOPS]이 필요한 항법시스템을 창착하지 않도록 지원하는 데 대해서는 꺼려하고 있다. 또한 항공기 운영자들은 만약 특정요금/과금 적용대상이 아닌 경우엔 항법시스템을 장착할 가능성이 훨씬 많을 것으로 예상된다. 국가가 항공항법서비스 제공자인 경우에 비즈니스 사례는 다른 경제부분에 대한 편익을 고려할 수가 있다.

7.4.1.5 비지니스 사례에 대한 개발 관련 일부 기준 자료는 ICAO Annex 부록 A에 명시되어 있다.

7.4.2 공동 비용 요소[Common Cost Elements]-Basic GNSS, GBAS and SBAS

7.4.2.1 기본적인 GNSS, GBAS 및 SBAS 서비스와 관련하여 항공항법서비스 제공자들에게 공동으로 부과되는 비용에 대한 사용처는 다음과 같다 ; 1984(WGS-84) 표준-세계측지시스템[World Geodetic System]에 대한 측량[Surveying]; 공역 및 계기접근절차 설계; 비행검사 시행; 항공교통관제[Air Traffic Control : ATC] 관련 절차 및 용어 개발; 교육용 교재 개발 및 배포; 통지/항공고시보

[Notification/NOTAM] 처리를 위한 시스템 개발; 항공 커뮤니티를 위한 승인 및 정보 관련 문서[Document] 개발; 지속적인 서비스 제공과 관련된 연간 소요 비용에 대한 지원 등

7.4.2.2 항공기 사용자들에게 공동으로 부과되는 비용에 대한 사용처는 다음과 같다; 항공기 항법시스템[Avfionics] 설치; 비행절차 개발; 항공기 승무원들을 위한 교육용 교재 개발 및 배포; 유지보수용 기자재[Material] 개발; 항법시스템 관련 데이터저장장치[Database] 구축; 관련 반복 비용[Associated Recurring Costs] 등. 한편, 항공기 서비스 중단 시간에 따른 비용은 조정 업무가 계획된 유지보수기간 동안에 완료될 수 있을 때를 제외하고 하는 포함이 되어져야만 할 것이다.

7.4.2.3 항공운영자들은 예측 가능한 모든 요건을 충족하는 ADS-B, ADS-C 및 PBN 등과 관련된 항공기 항법시스템을 선택해야만 한다. 이와 같은 사유는 본 최신 항공 항법시스템을 설치함으로써 발생될 비용이 초기에 예상되었던 비용보다 더 높을 것이라는 것을 의미하고 있지만, 그러나 미래에 기대되는 편익[Benefits]은 더 넓은 범위(또는 지역)에 제공해 주게 될 것이다.

7.4.3 Basic GNSS 비용 및 편익[Costs and Benefits]

많은 체약국들은 항법시스템 인프라[GPS]에 소요되는 비용은 필요치 않기 때문에 상세한 비즈니스 사례를 개발하지 않고 기본적인 GNSS운영을 실행했다. 많은 항공기 운영자들은 그들이 비행이 중단될 경우, 승객수용비용[Cost of Accommodating Passengers]을 포함한 단축된 항로 변경[Fewer Diversions], 영공 상공통과[Overflights] 및 취소, 보다 낮은 최저시정치 조건하에서의 접근절차에 따른 비용 절감과 직선화 항로[Direct Routings]를 이용함으로써 얻어진 연료 절감에 따른 비용을 계산하였을 때만이 기성품[Off-the-Shelfs] 용으로 제작된 항법시스템[TSO-C129]을 설치하기로 결정했다. 체약국들이 기본적인 GNSS 관련 서비스 도입을 고려할 때, 항공기 운영자들은 상세한 비즈니스 사례 분석에 대한 필요성이 없어도 가타 다른 체약국가에서 제공된 문서를 이용할 수 있음으로서. 기본적인 GNSS운영을 구현할 수가 있다.

7.4.4 SBAS 비용 및 편익[Costs and Benefits]

7.4.4.1 항공항법서비스[ANS] 제공자 관점에서 7.4.2조항에 명시된 SBAS구현과 관련된 비용에 대한 사용처는 다음과 같다: 시스템 개발; 기준국[Reference Stations]을 비롯해 중앙제어소[Master Stations] 및 지상파 통신연결망 [Terrestrial Communications Network] 등을 포함하는 지상 인프라; 그리고 지구정지궤도 위성 관련 비용 등으로 구성된다. 다음으로 지구정지궤도위성[GEO] 구성요소 관련 선택사항[Options] 에 소요되는 비용에 대한 사용처는 다음과 같다: 기상 관측 또는 통신 등에 대한 다중 기능[Multiple Functions]을 갖춘 체약국의 지구정지궤도 위성[GEO]용 SBAS트렌스폰더 사용; SBAS기능에 대해 전용으로 지구정지궤도위성을 사용하거나, 또는 적절한 궤도 슬롯[Orbit Slot] 상에서 지구정지궤도 인공위성[GEO] 관련 SBAS트랜스폰더를 포함하도록 상업용 지구정지궤도 인공위성 운영자[Commercial GEO Operator]와의 계약 체결[Contracting] 관련 비용 등으로 구성된다.

7.4.4.2 여러 국가들이 비용을 분담할 수 있는 지역에서의 경우, SBAS시스템을 도입하여 운영하는 것이 바람직하다. 이와 같은 정책으로 인해, 지역 내 모든 체약국들에게 더욱 저렴한 비용으로 시스템을 제공할 수 있음은 물론, 균일한 서비스[Uniform Service] 및 편익[Benefits]을 제공해 주게 될 것이다. 한 체약국가가 시스템을 개발할 수 있으며, 기타 다른 체약국들은 나중에 참여하거나, 또는 각 체약국들은 지역적인 SBAS시스템을 개발하고 실행하기 위한 파트너쉽을 형성할 수가 있다.

7.4.4.3 SBAS시스템을 통해 얻어지는 이점[Benefits]들은 다음과 같다 :

a) 60m(CAT-I운영 시 시정 최저치)까지 낮출 수 있는 수직유도정보를 갖춘 방위각 성능[Localizer Performance with Vertical Guidance : LPV] 절차를 운영하는 많은 활주로에 대한 보다 낮은 최저시성치[Lower Minima]를 제공해줌으로써, 얻어지는 항공기 비행 중단 및 관련 비용 등에 대한 감소효과를 제공해 줄 수 있음;

b) SBAS시스템은 ILS시스템과는 달리 전파보호구역[Sensitive Area]을 필요치 않기 때문에, 수직유도정보를 갖춘 방위각 성능[Localizer Performance with Vertical Guidance : LPV] 절차가 운영되는 동안에는 증가된 공항

처리능력[Airport Capacity]를 제공함으로써, 항공기 지연을 줄일 수 있음;

c) 항공사의 항공기가 선호하는 항로[Trajectories]를 따라 비행을 허용하여, 항로 및 터미널 구역[Terminal Area]에서 항법성능기반[Performance Based Navigation] 절차를 지원함으로써, 효율성을 향상시켜줄 수가 있음;

d) 사이트 제약[Site Constrains]으로 인해, 기존 재래식 항법시스템 설치가 불가한 지역에서의 활주로에 대한 접근성을 개선시켜 줄 수가 있음;

e) 다중 활공각 정보 및 활주로 시단 위치 변경[Displaced Thresholds] 절차를 지원함으로써, 밀접하게 인접한 평행 활주로[Closely Spaced Parallel Runways]에서의 처리 능력[Capacity]을 증가시켜주게 될 것임;

f) 일부 기존 재래식 항법시스템을 교체[Decommissioning]되게 함으로써, 비용 절감 효과를 가져다 줄 것으로 예상됨;

g) SBAS관련 지상인프라시설은 기존 항공항행서비스[Air Navigation Service] 관련 시설이 설치되어 있음과 아울러, 교체 가능한 중복 선로[Redundant Line Replaceable Components]를 사용하는 수 십군데 장소[A few dozen Locations]에 제한을 받지 않음으로 인해 주기적인 유지보수 비용을 줄여주게 될 것임;

h) SBAS 접근절차는 다소 복잡한 측정장비를 갖춘 항공기에 의한 주기적인 비행검사[Periodic Flight Inspections]절차가 필요치 않기 때문에 계기착륙시스템[Instrument Landing System : ILS] 및 기타 재래식 시스템에 비해 절차 검증[Procedure Validation]을 위해 소요되는 비용을 줄여주게 될 것임;

i) 모든 접근절차가 수직유도정보[Vertical Guidance]를 통해 이루어질 경우, 항공기 승무원 대상 교육훈련에 소요되는 비용을 줄여주게 될 것임;

j) SBAS 위치정보 관련 정확도 및 무결성은 ADS-B시스템을 통한 터미널 및 지상감시절차 뿐만 아니라, 지상이동제어시스템[Surface Movement Guidance and Control Systems] 등에 대한 성능기준을 충족시켜 주게 될 것 등으로 요약이 된다.

7.4.5 GBAS 비용 및 편익[Costs and Benefits]

7.4.5.1 항공항법서비스[ANS] 제공자와 항공기 운영자의 관점에서 GBAS 구현[Implementation] 비용 상에는 7.4.2조항에 명시된 공항 지상국[Airport Ground Stations] 비용을 포함한다. 2017년 현재 알려지게 될 GBAS 항법시스템[Avionics]은 대형항공사를 비롯해, 비즈니스 항공기, 헬리콥터 및 소형 일반 항공기 등에 한해서만 이용이 가능하게 될 것이다.

7.4.5.2 GBAS을 통해 얻어지는 이점[Benefits]들은 다음과 같다:

a) 각각의 활주로마다 전용시스템이 설치되어야만 하는 계기착륙시스템[ILS]과는 달리, 단일 GBAS 지상국[Ground Stations]만으로도 공항내 모든 활주로상에 접근유도정보[Approach Guidance] 신호를 제공해 줄 수가 있기 때문에 지상의 인프라시설에 소요되는 비용을 효율적으로 절감시켜주게 됨; 그러나, 소요가 예상되는 비용 추정치[Cost Estimates]는 본 GBAS시스템과 관련된 취약성에 따른 위험을 완화시키기 위해서는 계기착륙시스템[ILS]을 보유해야만 하는 요건을 고려하여야만 됨;

b) 비정밀접근절차[Non-Precision Approach : NPA]로 운영되는 활주로에 대해 보다 낮은 시정 최저치[Lower Minima] 절차를 제공함으로써, 비행중단[Flight Disruptions]에 따른 손실 관련 비용[Associated Costs]을 줄여주게 될 것임;

c) 계기착륙시스템[ILS]과는 달리 GBAS시스템은 시스템 전파신호를 보호하기 위한 전호보호구역[Sensitive Area]가 필요치 않음으로써, 공항 처리능력[Airport Capacity]을 증가시켜주게 될 것임; 그러나, 서비스 제공자들은 GBAS 또는 ILS 항법시스템을 장착한 일련의 사용자들을 수용하는 방법을 평가해야만 함과 아울러, GBAS 사용자들을 위해 예약 활주로[Runways Reserved]를 요구할 수 있을 수 있음을 깨닫게 해야만 할 것임;

d) GBAS 위치정보 서비스가 더 많은 항공기들이 선호하는 항로[Preferred Trajectories]를 따라 비행절차 허용이 가능할 수 있을 때 터미널 지역에서의 PBN절차를 지원함으로써, 효율성을 높여주게 될 것임;

e) 사이트 제약[Siting Constraints]에 따라, 기존 재래식 시스템을 통한 운영이 불가능한 지역에서의 활주로에 대한 접근을 개선시켜주게 될 것임;

f) 기존 계기착륙시스템[ILS]에 소요되는 주기적인 유지보수 및 비행검사 등에 관련된 비용을 절감케 할 것임;

g) 다중 활공각[Multiple Glide Path Angles] 및 활주로 시단 변경[Displaced Thresholds] 등을 지원함으로써, 밀접하게 근접된 평행활주로[Closely Spaced Parallel Runway]에 대한 처리능력[Capacity]을 증가시켜 주게 될 것임;

h) 미래에 GBAS 위치정보 서비스는 지상이동안내제어시스템[Surface Movement Guidance and Control]을 통해 항공기 운영자들에게 편익[Benefits]을 제공해 줄 수 있게 될 것이다.

7.4.5.3 CAT II/III운영을 공항에서 소요되는 대부분의 비용은 GBAS, ILS, 또는 MLS 등 어느 시스템에 관계없이 비행장 조명[Airfield Lighting]시설 운영을 비롯해, 지상이동안내제어시스템[Surface Movement Guidance and Control] 및 접근절차 설계[Approach Design](지상 장애물 회피 준수 : Obstacle Clearance Surface Compliance) 등 운영에 필요하다. 활주로가 이미 CAT II/III 운영절차를 지원하지 않는 한 이와 같은 기타 비용 상에는 GBAS 비즈니스 사례분석[Business Case Analysis]이 포함되어야만 한다. CAT II/III 운영 서비스를 제공하는 공항은 지역 경제와 항공기 운영자들의 재정적 생존력[Financial Viability]에서 중요한 역할을 수행하는 주요 도시들[Major Cities]에게 서비스를 제공하는 일반적으로 매우 바쁜 중심지 역할을 수행한다. 이와 같은 역할을 수행하는 공항에서의 경우 만약 짧은 서비스가 중단될 시에는 운영자들에게 매우 큰 비용부담을 초래케 할 수가 있다. CAT II/III GBAS 운영 관련 비즈니스 사례는 GNSS시스템이 외부 신호 간섭영향을 받을 경우, 운영을 계속해서 지원하기 위해, 하나 또는 그 이상의 활주로 상에서 ILS 또는 MLS시스템을 운영(또는 유지)하기 위한 요건을 고려할 필요성이 있다.

7.4.6 ADS-B Costs and Benefits

7.4.6.1 ADS-B 감시시스템과 관련된 항공항법서비스[ANS] 제공자에게 부과되는 비용에 대한 사용처는 다음과 같다: 지상국[Ground Stations] 또는 미래에 저고도 지구궤도[Low Earth Orbit]용 인공위성 관련 비용; 지상파[Terrestrial] 또는 인공위성통신망; ADS-B 목표물[Targets]을 표출[Display]시키기 위한 ATC

자동화시스템에 대한 조정; ATC 비행절차 및 교육훈련용 기자재 개발; 편익 정량화[Quantify Benefits]를 위한 시뮬레이션; ATC관제사를 위한 교육; 그리고, 항공기 운영자들을 위한 승인 및 정보 문서 개발 등으로 구성된다. ADS-B 지상국[Ground Stations]은 기존 재래식 레이더 시스템을 구입 및 운영하는데 소요되는 비용보다는 훨씬 저렴하다.

7.4.6.2 ADS-B 시스템은 현재 레이더 시스템을 통한 서비스가 제공되지 않는 지역에서는 매우 큰 이점[Benefits]을 가져다 줄 것이다. 기술적인 관점에서, ICAO에서는 현재 ADS-B 시스템은 기존 레이더 시스템을 통해 지원되는 항로 공역 상에서 5NM 분리 기준[Separation Standard]을 지원할 수 있게 될 것으로 확인했다. 이와 같은 시점을 시작으로, 지역교통 밀도패턴[Local Traffic Density and Pattern]을 고려하여, 일부 체약국들에서는 비 레이더[Non-Radar] 관제 공역 상에서 5NM 분리 기준을 적용하도록 유도하는 ADS-B시스템에 대한 안전평가를 완료했다. 이를 위해서는 기본적인 GNSS항법시스템을 포함해, 1090Hz 주파수대를 통해 위치정보[Position Information]를 송출할 수 있는 Mode S 트랜스폰더가 필요하다. 한편, 캐나다 및 호주의 원거리 공역[Remote Airspace] 상에서 ADS-B시스템을 통해 항공기 분리 간격을 80NM에서 5NM까지 축소시켰다. 이들 체약국들은 ADS-B신호 서비스가 제공되는 지역에서의 모든 항공기들이 본 ADS-B항법시스템을 장착하지 않고 있음에도 불구하고, 많은 다수의 항공기 운영자들은 선호하는 항로[Preferred Trajectories]를 따라 비행하는 항공기를 기반으로 연료절감의 잠재성을 인식하고 있다. 참고로, 공역시뮬레이션을 통해 편익 정량화[Quantify Benefits] 산출이 가능하다.

7.4.6.3 미국에서는 지상이동 안내제어 기능[Surface Movement Guidance and Control]을 포함한 모든 운영절차를 수행하는데 ADS-B 감시기능을 사용할 계획이다. 이를 위해, SBAS는 현재 ADS-B의 정확성과 무결성 요건을 충족시킬 수 있는 유일한 시스템에 해당된다.

7.4.7 ADS-C 비용 및 편익[Costs and Benefits]

7.4.7.1 ADS-C시스템에 관련된 항공항법서비스[ANS] 제공자들에게 부과되는 비용에 대한 사용처는 ATC관제용 화면[Situation Displays]상에 항공기 위치 표출

[Display Aircraft Position]기능을 비롯해, ADS-C데이터 처리를 위한 ATC 자동화 시스템 조정[Modifying ATC Automation Systems] 기능 등이 포함된다. ADS-C 시스템 상에는 항공기 통신용 주소[Addressing]를 비롯해, 운영 메시지 전송용으로 주로 항공사에 의해 사용되는 보고 시스템[ACARS]용 디지털 데이터링크[Digital Data-Link]가 사용된다. ATC 시스템 상에는 위치 정보 보고서[Position Reports]를 수신하기 위해 ACARS 제공자와의 인터페이스가 필요하다. 본 디지털 통신망은 또한 관제사 데이터 통신망[Controller-Pilot Data Link Communications : CPDLC]을 지원한다.

7.4.7.2 ADS-C시스템을 통한 축소된 분리기준으로 인해 공역 처리 능력[Airspace Capacity]은 한층 증가되게 될 것이다. 이로 인해, 더 많은 항공기들로 하여금 적정한 항로를 따라, 적정한 고도로 비행이 가능케 함으로써 연료절감은 물론 매연 배출을 감소시켜 주게 될 것이다.

7.5 시스템 안전 평가[System Safety Assessment]

7.5.1 GNSS 기반 운영절차를 승인함으로써, 체약국 또는 지역안전감독조직[Regional Safety Oversight Organization : RSOO]에서는 이와 같은 운영에 승인된 안전 기준[Accepted Safety Standards]에 충족이 되도록 보장할 책임을 수용했다. 체약국들은 GNSS신호를 사용할 수 있거나, 또는 기타 다른 제작사[Entities]들을 통해 제공된 신호 사용을 승인할 수가 있다. 여기에서 후자의 경우, 지정된 체약국은 ICAO 안전감독매뉴얼[Safety Oversight Manual : Doc 9734]에 명시된 대로 서비스 안전을 감독할 책임을 보유하게 된다. 또한 각 체약국들은 항공기를 비롯해, 승무원 업무성과[Aircrew Performance], 항공정보 [Aeronautical Information] 및 비행장 요소[Aerodrome Elements] 등을 포함하는 모든 시스템에 대해 책임을 진다.

7.5.2 ICAO 안전관리매뉴얼[Safety Management Manual : SMM]인 Doc 9859 상에는 서비스 시행 전에 제안된 서비스를 평가하는데 사용되어질 위험식별과정[Processes of Hazard Identification] 및 위기분석[Risk Analysis] 절차 등이 명시되어 있다. 안전평가[Safety Assessment] 절차상에는 모든 기술적인 운영

상의 위험과 관련된 위기상황이 식별되어야만 함은 물론, 위험요소를 제거하거나 또는 가능한 결과에 대한 확률 또는 심각성을 줄이기 위한 방법이 개발되어야만 할 것이다.

7.5.3 부속서 11-항공교통서비스[Air Traffic Services]는 ATC시스템에 대한 안전과 관련된 중요한 변경사항들[Significant Safety-Related Changes]을 수행하기 전에 먼저 안전평가[Safety Assessment]가 요구된다. 이와 같은 같은 원칙들은 항공항법서비스[ANS] 제공자들을 비롯해, 공항운영자, 항공기 운영자 또는 기타 규제기관[Regulated Organizations]들 등에 대해서도 동일하게 적용이 된다. 중복된 활동노력을 피하기 위해, 보다 많은 제작사들[Entities] 공동으로 참여하여 안전 관련 변경사항[Safety of the Changes]을 평가할 수가 있다. 예를 들어, 공항운영자를 통해 전원공급이 제공됨과 아울러, 절차가 변경될[Procedures will Change] 관제탑이 설치되어 있는 곳, GBAS신호를 또한 사용할 수 있는 지역에서, GBAS신호를 운영하는 곳 등 지역에서의 GBAS시스템을 구현하는 것을 의미한다.

7.5.4 각각의 안전평가는 보통 항공기에 장착된 항법시스템[Avionics]이 감항성에 대한 승인[Airworthiness Approval]과 조종사 훈련이 완료된[Pilots are Trained] 것과 같은 많은 가정들[A number of Assumptions]에 의존한다. 이와 같이 모든 가정들이 입증[substantiate]되도록 확인하는 것은 국가의 책임에 해당된다.

7.5.5 핵심적인 인공위성군[Core Constellations] 및 보정시스템[Augmentation Systems] 관련 ICAO 표준 및 권고사항[Standards and Recommended Practices : SARPs]과 항공기 항법시스템[Avionics] 관련 기준[Standards]은 안전목표수준[Target Levels of Safety]에 충족되도록 개발되었으므로, 일부의 경우, 이들 요소에 대한 추가 분석절차는 필요치 않다. 항공항법서비스절차[Procedures for Air Navigation Services] 관련 절차설계기준[Procedure Design Standards]인 항공기 운영[PANS-OPS, Doc 8168] 절차 상에는 유사한 안전기반[Similar Safety Foundation]을 갖추고 있는 것으로 명시되어 있다.

7.5.6 효과적인 안전평가 과정은 운영개념[CONOPS]의 개발 관련 첫 번째 단계에서 시작이 되데 제안된 서비스의 모든 기술적 및 운영적 측면을 고려한다. 이와 같은 과정들은 적합한 규정을 포함한 훈련 및 절차 등에 대한 개발과 관련 시스템 영역[Fielding]을 지원한다. 본 과정은 서비스 제공 가능 기간[Life Cycle of the Service] 내내 계속 진행될 것이다. 본 경험에 의하면, 이와 같은 접근방식을 통해 편익을 감소시킴과 아울러 안전위험을 유발시키거나 이행을 지연시키는 등과 관련된 예상치 못한 문제점들을 회피함으로써, 본질적인 근원[Resources]를 사용하는 결과를 낳게 하고 있다.

7.5.7 GNSS 보정[Augmentation] 및 ADS-B 시스템의 경우에, 안전평가는 시스템 설계 및 이행[Design and Implementation] 과정이 ICAO 기준 및 권고사항 기준[SARPs]에 충족되고 있는지를 확인하여야만 한다. 1993년도에 GNSS관련 최초 승인이 이루어진 후부터 많은 체약국들은 PBN 운영절차를 시작하였으며, 일부 체약국에서는 ADS-B시스템 운영을 시작하였다. 이들 체약국들을 통해 개발된 규정 및 운영절차 상에는 어떤 체약국의 특정화된 문제[Any State-Specific Issues]를 다루기 위한 차이점 분석[Differences Analysis]을 포함한, 기타 다른 체약국에 의해 근거로 사용될 수 있는 안전평가 절차를 반영하고 있다.

7.5.8 모든 항공기가 GNSS 항법시스템[Avionics]을 장착하고 있는 것은 아니다. 따라서 안전평가는 항법시스템을 장착한 경우에 장착하지 않은 경우 등을 감안하여 운영절차를 고려하여야만 한다.

7.6 인증 및 운영 승인절차[Certification and Operational Approvals]

7.6.1 Operational approvals

7.6.1.1 각 체약국들은 자국 공역 상에서 다양한 절차로 GNSS기반 항법운영을 인가할 수가 있다. 가장 흔히 적용되는 대안은 다음과 같다:

a) 계기접근절차 자격을 갖춘 조종사들[Instrument Rated Pilots]을 대상으로 한 GNSS 접근절차 자격을 특권으로 승인[By Granting GNSS Approach Privileges]함으로써;

b) 승인된 비행매뉴얼 및 항공기 승무원 대한 교육훈련을 거친 상업용 항공기 운영자들을 위한 항공 운영자 인증서에 첨부된 운영기준[Operational Specification]상에 명시된 운영[Operations]을 포함함으로써; 그리고

c) 인증된 장비를 갖춘 항공기를 위한 명확한 운영을 승인하는[예를 들어, 승인서 양식상에 명확한 승인] 문서를 발부함으로써 인가된다.

7.6.1.2 일부 체약국들은 CAT-Ⅱ/Ⅲ운영 관련 기타 복잡한 운영[Other Complex Operations] 또는 새로운 운영개념["new" CONOPS]에 대한 명확한 승인 ["Specific Approval"]을 요구하였다. 본 승인 절차상에는 제안된 운영 절차에 대한 모든 조항들[Terms]을 포함한 조건[Conditions] 및 제한[Limitations]사항 등이 명시되어 있다.

7.6.1.3 특히 비상업적 운영자들은 문서를 신청하고 명확한 승인[Specific Approval]을 취득하는 것에 대해 행정적인 부담[Administrative Burden]을 나타내고 있다. 따라서, 체약국 또는 지역안전관리조직들[Resional Safety Ovesight Organization : RSOOs]에 대해서는 다음과 같은 8가지 요건을 모두 충족할 경우에는, 이와 같은 추가적인 과정[Processes]을 이행[Impose]치 않아도 되도록 권고되었다:

a) 제안된 계기비행절차[Instrument Flight Rules : IFR]능력을 포함하는 감항성 승인[Airworthiness Approval]을 갖춘 자체적인 항법용 탑재장비를 장착한 항공기;

b) 특별한 도전[Particular Challenges]을 제기하지 않는 제안된 계기비행절차[IFR] 관련 운영에 대한 복잡성;

c) GNSS에 대해 오늘날 충분히 성숙된 사례로서, 계기비행절차[IFR] 운영이 수행되는 개념 및 시스템;

d) 부적절한 운영을 감당할 수 있는 관련 위험 [Risk Associated with Improper Operation is Tolerable];

e) 보장된 무선항법신호에 대한 정확성[Aaccuracy]을 포함한, 무결성[Integrity], 가용성[Availability] 및 연속성[Continuity] ;

f) 수립된 절차설계 관련 품질관리에 대한 적정한 기준;

g) 보장된 항법용 데이터베이스 관련 정확성 및 무결성; 그리고

h) 구현된 계기비행절차[IFR] 운영 실태에 따른 적절한 항공기 승무원대상 교육 훈련을 포함한 기준 및 절차 관련 점검 등으로 구성된다.

7.6.1.4 GNSS 항법시스템[Avionics]과 조종사 인터페이스 관련 폭넓은 다양성은 항공기 승무원 대상 교육훈련 및 면허증[Certification] 등에 대한 맞춤형 접근을 지시[Dictates]한다. 비행관리시스템[Flight Management Systems : FMS]을 장착한 항공기의 경우에, GNSS기반으로의 전환은 상대적으로 단순할 것이

다. 독립적인[Stand-Alone] GNSS 탑재장비[Avionics]의 경우, GNSS운영 관련 승인은 특정 교육훈련[Specific Training]을 비롯한, 항공기 승무원 인증 요건 및 항공기 데이터베이스 관련 취급 조항[Provisions]을 포함할 수 있다. 수많은 체약국들은 GNSS기반 서비스를 다루는 교육 훈련 관련 자료를 개발하여 인터넷 상에 게시하였다.

7.6.2 항법시스템 인증서[Avionics Certification]

7.6.2.1 Doc 9613에 명시되어 있는 대로, 항공기는 규정된 항법시스템 기준을 충족하는 항법시스템을 필요로 한다. GNSS기반 서비스를 위해 사용되는 항법시스템은 명시된 기준에 따라 승인된 기종이 설치되어만 한다. 따라서, 향후에 만약 어떤 새로운 항법시스템이 설치될 경우, 먼저 일련의 시험절차를 포함한 측정 및 검사과정을 통해 검증이 되어져야만 한다. 인증[Certification] 및 점검 [Check] 절차는 항공무선기술위원회[Radio Technical Commission for Aeronautics : RTCA] 및 유럽민간항공장비기구[European Organization for Civil Aviation Equipment : EUROCAE] 등과 같은 체약국 문서상에 명시된 성능기준을 근거로 하고 있다. 항법시스템 관련 설치절차는 최초의 항공기 기종 설계(형식 승인)의 일부분[또는, 최초 항공기 기종 설계(보충 형식 승인)에 대한 수정[Modification]으로써 승인이 이루어 질 수 있다.

7.6.2.2 항공기 비행 매뉴얼[Flight Manuals]관련 보충판[Supplements]은 인증 과정 [Certification Process]의 일부에 해당된다. 대부분의 항공기 제작사들은 GNSS기반 항법시스템을 포함하도록 항공기 비행 매뉴얼에 추가하였다. 체약국에 의한 타당한 권한을 통해 적절한 운영을 보장하기 위해 필요한 운영절차 및 제한[Limitations]을 포함하는 매뉴얼이 승인되어야만 할 것이다.

7.6.2.3 항공기 운영 매뉴얼 상에 포함된 조종 절차상에는 GNSS의 특성을 다룰 필요가 있으며, 아울러 항공 승무원 및 ATC 업무량을 최소화 시킬 필요가 있다. GNSS사용을 위한 일반적인 비행절차는 PANS-OPS에 포함이 될 것이다.

7.6.2.4 ADS-B운영을 위해서는, GNSS센서를 트렌스폰더 또는 기타 위치 정보신호를 전송하는데 사용되는 통시 연결망 등과의 통합과정을 통해 적절히 운영되도록 표시되어져야만 한다. 이와 같은 과정을 통해 ADS-B성능을 관찰할 수 있는 항공항법서비스[Air Navigation Service : ANS] 제공자들을 통해 평가가 이

루어질 것이다.

7.6.2.5 많은 체약국들이 FAA 또는 유럽항공안전국[European Aviation Safety Agency : EASA] 등 기관의 기준을 적용하고 있기 때문에, 이와 같은 기준에 대한 조화로운 일치는 관행적으로 반드시 양 기관을 통해 가능한 한 수시로 계속해서 진행될 것이다.

7.6.3 비계기비행절차용 위성항법수신기를 이용한 시계비행항법절차[Non-IFR GNSS receivers for VFR navigation]

7.6.3.1 많은 조종사들은 특히, 지형지물들[Landmarks]이 부족하면서, 기존 재래식 항법지원 시설을 사용할 수 없거나 신뢰할 수 없는 지역에서, 시계비행절차[Visual Flight Rules : VFR] 항법을 지원하기 위해 계기비행절차[Instrument Flight Rules : IFR] 운영기준에 충족되지 못하는 항공기 탑재수신기를 사용중에 있다.

7.6.3.2 비계기비행절차[Non-IFR]용 항공기 탑재수신기들은 대부분 정확한 안내유도 정보를 항공기에게 제공하고 있지만, 그러나 항공기 탑재수신기 자동 무결성 감시기능[Receiver Autonomous Integrity Monitoring : RAIM]을 통해 제공되는 결함검출[Fault Detection] 기능을 제공하고 있지 못하고 있기 때문에, 결함이 발생된 인공위성 신호 상에는 항공기 조종사에게 경보신호를 알려주지 못하는 상태 하에서 많은 위치정보 관련 오류신호들이 나타날 수가 있다. 이와는 달리, 또 다른 문제점들은 휴대용 수신기 관련 안테나의 설치위치 불량을 포함한 일부 지역에서의 수신기 데이터베이스 관련 Update 불량 및 세계측지시스템[World Geodetic System 1984 : WGS-84] 이외의 지도[Map]를 사용할 경우 등으로 인해 발생될 수가 있다.

7.6.3.3 비계기비행절차[Non-IFR]를 사용하는 조종사들은 시각적인 기상조건[Visual Meteorological Conditions : VMC] 상태 하에서 안전을 보장하기 위해 항공기 조종술[Pilotage] 또는 추측항법[Dead Reckoning]에 의존해야만 한다. 따라서 항공기 조종사들은 GNSS위치정보와 지도[Maps], 또는 기타 대안을 통해 이용할 수 있는 항법데이터 간의 발생되는 차이점을 분석 처리[Resolve] 하여야만 한다. GPS신호에만 과도하게 의존해 오던 시계비행절차에는 익숙한 항공기 조종사들은 계속된 기상악화의 조건하에서 시각적인 기준신호(또는 지

형지물) 부재에 따른 조종 능력 상실[Lost Control]로 인한 사고발생이 이어져 왔거나 또는 CFIT[Control Flight Into Terrain] 사고의 희생양이 되어 왔다. 일부 체약국들은 본 주제와 관련된 안전지침을 발간해 왔다.

7.6.3.4 일부 체약국들은 항공기 안전운항을 위한 중요한 장애물 높이 표시를 알려주는 항공등화시설이 설치되어 있는 공항주변에 시계비행절차[VFR] 보고지점 사용을 적용해 왔다. 본 GNSS 시스템은 시계 기상조건[Visual Meteorogical Conditions : VMC]하에서 이와 같은 시계비행절차[VFR] 보고지점에 대한 항법절차를 지원한다. 이로 인해, 조종사들에게 상황 인식[Situational Awareness]을 개선시켜줌으로써, 다른 항공기를 확인할 수 있는 더 많은 시간을 제공해 주게 될 것이다.

7.6.4 GBAS 및 SBAS 시스템 관련 안전관리감독[System Safety Oversight]

궁극적으로, GBAS 또는 SBAS시스템에 대해서는 ICAO SARPs에 명시된 기준에 충족이 되어져 있어야만 한다. 일반적으로, SBAS 또는 GBAS시스템에 대한 제공과 관련된 체약국들 간의 계약[States Contract]과 계약자 등에 대해서는 다음과 같은 증명[Demonstrate]절차가 이루어져야만 한다:

a) 자체 시스템 안전평가 과정들[Safety Assessment Process]에 대해 시스템 설계 시 서비스 관련 무결성 및 연속성과 같은 요구 조건이 최고 수준으로 충족되고 있는지를 보여질 수 있는 모든 시스템의 안전 위험에 대해 적절하게 식별되고 평가가 되어져 왔는지의 여부;

b) 자체 시험 및 요구조건 확인 과정들이 각각의 규격 요건[Specification Requirement]에 충족되고 있는지에 대한 확인 여부. 본 활동에 따른 일반적인 검토 영역[Typical Areas of Review] 상에 신청자의 시스템 수준 검증/시험계획 관련 절차 및 보고서가 포함되어있는 지의 여부. 각 체약국들이 일반적으로 계약자의 장비를 통해 검증 시험을 완료할 것인지의 여부;

c) 자체의 하드웨어 및 소프트웨어 개발 과정들이 관련 기준에 적절히 준수되고 있는지의 여부 등.

7.7 시스템 시험절차 승인[System Testing and Procedure Validation]

7.7.1 무선항법 지원시스템[Radio Navigation Aids] 시험[Testing] 관련 지침서[Manual]인 Doc 8071, Volume II-인공위성기반 무선항법시스템[Satellite-Based Radio Navigation Systems] 시험[Testing] 관련 지침서[Manual]상에는 GNSS 시험[Testing] 관련 안내지침[Guidance] 내용이 명시되어 있다. 본 시험[Testing] 지침서 상에는 Annex 10에 명시된 비행절차를 지원하기 위해 GNSS신호를 확인하도록 설계가 되어 있다.

7.7.2 항공항법서비스[ANS] 제공자들은 PANS-OPS(Doc 8168), Volume II, Part I, Section 2, Chapter 4, 품질관리조항에 명시된 출판 절차의 적합성을 평가해야만 한다. 비행절차설계[Flight Procedure Design](Doc 9906), Volume 5 관련 품질보증 지침서[Quality Assurance Manual-계기비행절차 검증[Validation] 과정 상에는 GNSS기반 절차를 위한 필요한 안내정보가 제공된다. GNSS기반 절차에 따른 비행검증에 소요되는 비용은 복잡한 신호측정 및 기록시스템 등이 필요치 않을 뿐만 아니라, 주기적인 신호 점검이 요구되지 않기 때문에 기존 재래식 시스템보다는 다소 저렴하게 소요된다.

7.8 위성항법시스템 데이터 감시 및 기록[Monitoring and Recording of GNSS Data]

7.8.1 소 개[Introduction]

7.8.1.1 본 Annex 10, Volume I, 2.1.4.2 조항 상에는 GNSS 기반 운영을 승인하는 체약국가는 사고 및 사고조사를 지원하기 위한 적절한[Relevant] GNSS 데이터를 감시 및 기록하도록 권고하고 있다. 본 데이터는 GNSS 성능을 주기적으로 확인하는데 또한 사용될 수 있다. 본 GNSS 성능 검증은 실시간 보고 과정[Real-Time Notification Process]을 지원하기 위한 목적으로만 공지[Noted]되어야 한다.

7.8.1.2 제12차 항공항법회의[Twelfth Air Navigation Conference : AN-Conf/12]에서는 향후 다중 인공위성군[Multiple Constellations]에 대한 사용과 관련하

여, 각 체약국들은 자국 영공(또는 공역)에서 사용이 승인된 GNSS 요소를 명시하는 정보를 공개할 것을 권고했다. 이를 위해 각체약국들은 특정 비행단계[Specific Phase of Flight]하에서 사용된 보정시스템[Augmentation Systems]과 결합되어 운영적인 사용이 가능한 SARPs 또는 특정 현지에서의 요건[Specific Local Requirements] 등과 같은 관련기준을 근거로 본 신호들의 성능을 명확히 이해할 필요성이 있게 될 것이다. 그러므로, 각 체약국들은 자국 비행점보구역[Flight Information Regions : FIRs] 내에서 자체 승인 상태[Approval Status]를 결정하기 위한 GNSS 핵심 인공위성군[Core Constellations]의 성능을 평가해야할 필요성이 있을 수 있다. 어떤 특정 체약국 또는 시스템 성능을 주기적으로 평가하기 위해 GNSS 핵심 인공위성군으로부터 전송된 신호를 감시하는 것이 적절하다고 판단될 수 있는 지역에서의 GNSS신호에 대한 승인 상태는 측정된 성능에 따라 변경될 수가 있다.

7.8.1.3 본 Section의 목적은 GNSS 감시 및 데이터 기록을 위한 적절한 성능 파라메터를 확인함과 아울러, 주기적인 성능 평가 수행에 따른 잠재적인 편익[Potential Benefits]을 설명하고, 그리고 구현 양상[Implementation Aspects]에 대한 지침을 제공하기 위한 GNSS 성능 평가와 특별히 관련된 GNSS 감시 개념을 명확히 하는 데 있다.

7.8.2 위성항법시스템 감시[GNSS Monitoring]

GNSS 감시 기능상에는 다음과 같은 활동이 포함된다 :

a) GNSS 성능 평가 : GNSS 성능 파라메터가 Annex 10 SARPs에 근거하고 있는지 검증하기 위한 목적으로 한 체약국 또는 위임 대표기관[Delegated Entity]을 통해 수행될 수 있는 주기적인 Off-Line활동으로써, 본 활동은 핵심적인 인공위성군 및 보정시스템[Augmentation System] 또는 이 두 가지 시스템을 결합시킴으로써 수행이 가능할 수 있다. 본 GNSS 성능 평가 절차 기준은 Section 7.8.3에 명시되어 있다 ;

b) GNSS 운영 상태 감시 : 한 체약국 또는 필요한 모든 운영에 제한 사항을 사용자에게 알리기 위한 특정공역에서 정의된 운영 관련 GNSS서비스의 운영상태에 대한 기술요원 및 ATC 서비스에 대한 정보를 적시에 제공하는 주요 목적을 갖춘 위임 대표기관을 통해 수행되는 활동으로써, 운영상태 감시절차는 PBN Manual,

Volume II, Part A, 4.3.1 in Annex 10, Volume I, Chapter 2, 2.3 상에 명시되어 있다 ;

c) GNSS 데이터기록 : 사고/사고 후 조사를 지원하는데 사용될 수 있는 GNSS파라메터 이력 데이터 수집 목적을 갖춘 체약국 또는 위임 대표기관[Delegated Entity]을 통해 수행될 활동으로써, GNSS 데이터 기록 절차는 Section 7.8.4 상에 명시되어 있다;

d) GNSS 신호간섭 감시 : 위협을 방지하거나, 또는 제거할 목적으로 GNSS시스템에 위협이 될 것으로 여겨질 수 있는 무선주파수 간섭요소를 확인하는 목적을 갖춘 체약국 또는 위임 대표기관을 통해 수행되는 활동으로써, GNSS 신호간섭 감시절차는 Appendix F 상에 명시되어 있다.

7.8.3 위성항법시스템 성능 평가[GNSS Performance Assessment]

7.8.3.1 GNSS 성능평가는 다음과 같은 절차를 수행하기 위해 각 체약국들을 통해 사용될 수 있다 :

a) GPS L1 및 GLONASS L1 등과 같은 이미 공표된 운영 관련 신호의 성능에 대한 주기적인 확인절차 ; 그리고/ 또는

b) 특히, 새로운 GNSS 신호 또는 GPS L5를 포함한 GLONASS L3, BDS 및 Galileo, 등과 같은 인공위성군[Constellations]을 기반으로 하는 공역 운영 승인 결정을 위한 기술적인 요소 관련 통계자료 수집 등

7.8.3.2 항법성능요건[Navigation Performance Requirements]은 정확성[Accuracy], 무결성[Integrity], 연속성[Continuity] 및 가용성[Availability] 등의 용어로 명시된다. 본 파라메터들은 우주 공간상의 신호[Signal-in-Space : SIS]를 수신하는 항공기 탑재수신기와 Annex 10, Volume I, Attachment D, 3.1상에 명시된 대로 SIS자체만을 지칭하지 않는 원하는 궤적[Desired Trajectory]을 비행하기 위한 전 시스템의 성능에 적용될 수 있다.

7.8.3.3 본 파라메터들 중에서 무결성은 안전 사건[Safety Events] 분류로 연계되어 있기 때문에 가장 중요하게 관리될 뿐만 아니라, 가장 엄격한 요구사항[Stringent of the Requirements]을 갖추고 있다. 따라서 본 무결성은 핵심 인공위성군[Core Constellation] 뿐만 아니라, 전 모든 시스템을 대상으로 적용 및 측정이 될 수 있다.

7.8.3.4 무결성을 모니터링하는 절차는 다음과 같이 보정시스템[Augmentation System]에 따라 다르다.

7.8.3.4.1 ABAS관련 무결성 감시[Integrity Monitoring]기능은 4.2조항에서와 같이 항공기 수신기 자동무결성 감시기능[Receiver Autonomous Integrity Monitoring : RAIM]을 사용하는 항공기 탑재수신기 상에서 이루어진다. RAIM은 관성기준시스템[Inertial Reference System : IRS] 통합과 같은 다른 항공기 기반 보정[Augmentation] 형태를 고려함이 없이 최소 요구성능[Minimum Required Capabilities]을 갖춘 항공기 탑재수신기를 기반으로 보호가 이루어지고 있다. 최소 운영 성능기준[Minimum Operation Performance : MOPS] 및 기술기준 지침서[Technical Standards Orders : TSO] 등과 같은 기준에 기반을 두고 있는 관련 국가 기준에 따라 인증된 항공기 수신기들은 Annex 10, Volume I Attachment D, 4.1 조항에서와 같이 GPS가 GPS SARPs 및 SPS[Standard Positioning Service] 성능기준상에 명시된 주요 매개변수[Key Parameter]를 준수하는 것으로 가정하는 Annex 10, Volume I, Chapter 3상의 Table 3.7.2.4에 제시된 무결성 요구조건[Integrity Requirement]을 준수하도록 설계된다. 비정밀접근절차[Non-Precision Approach : NPA]을 위한 1-1x10-7/hr의 무결성 요건[Integrity Requirement]에 대한 준수 여부는 동시에 인공위성에 대한 장애발생 가능성 확률이 10-9/hr 미만으로써 무시될 수 있으며, 항공기 수신기 자동 무결성 감시기능[Receiver Autonomous Integrity Monitoring : RAIM] 알고리즘이 10-3/event 보다 낮은 어떤 탐지 누락[Missed Detection] 가능성을 갖는 인공위성 장애 가능성(10-4/hr 미만) 1을 충족한다는 가정에 기초한다.

7.8.3.4.2 SBAS에 대한 무결성 감시[Integrity Monitoring]는 설계 및 명시된 감시기능[Specific Monitoring] 제공이 보증되는 지상 기반 시스템을 통해 수행된다. Table 3.7.2.4-1상에 명시된 관련 요건[Associated Requirements]에 대한 성능 확인[Verification of Performance]은 자신들의 각 서비스 영역에서 SBAS 서비스 제공자들을 통해 보장이 이루어진다.

7.8.3.4.3 GBAS의 경우에도 SBAS감시 절차와 같은 동일한 원칙을 적용하여 GBAS 서비스 제공자들의 책임이다.

7.8.3.5 위성항법시스템 서비스 신호 관련 가용성을 비롯해 무결성, 정확성 및 연속성이 항공기 항법 탑재수신기를 통해 적용이 되어 사용될 경우, GPS 표준 위치정보 서비스[Standards Positioning Service : SPS]와 같은 핵심 인공위성군[Core Constellation] 서비스 제공자들을 통해 발행된 성능기준자료[Performance Standard Document] 상에 동일하거나 유사한 용어들은 서로 다른 의미를 갖고 있을 수 있음이 고지되어야만 한다. 이와 같은 본 차이점들은 식별용 매개변수[Identifying Parameters]가 성능평가[Performance Assessment] 요소로 사용이 되어 질 경우에 고려되어야만 한다.

7.8.3.6 ABAS의 경우, Table 3.7.2.4-1에서 확인된 목표치를 기준으로 얻어진 GNSS 운영 성과 관련 신뢰성 있는 측정에 대한 구현[Implement]은 사용된 특정 항공기 수신기 자동 무결성 감시기능[RAIM] 알고리즘에 좌우되어 얻어질 수 있는 다른 결과로 인해 어려울 수가 있다. 그럼에도 불구하고, 체약국이 서로 다른 항공기 시스템 통합으로 인한 관련 제한사항[Associated Limitations]을 이해하고 있는 한은 사용자 수준으로 얻어진 성능에 대해 감사함을 여전히 느끼고 있음을 확인할 수 있다.

7.8.3.7 보다 실질적인 접근법은 고려된 보정[Augmentations]과는 독립적으로, ICAO 표준권고안[Standards and Recomended Practices : SARPs]에 명시된 GNSS 핵심 인공위성군[Core Constellations]으로 지정된 매개변수들[Prameters]을 평가하는 것이다. 이와 같이 모든 매개변수들이 운영상에 영향을 미치지는 않음으로, 추가적인 조사를 촉발[Trigger]시킬 수 있는 성능관련 매개변수들 그리고 /또는 (동시적인 인공위성 장애발생 확률과 같은) RAIM 설계 시의 핵심적인 요소인 안전과 무결성에 관련된 매개변수에 우선순위를 부여하는 조치에 대한 확대에 초점을 맞추는 것이 중요하다.

RAIM상에서 위치정보 분석[Positioning Solution] 당 평균 10대의 인공위성이 존재하는 것으로 가정하는 각각의 인공위성이 10/hr비율로 주어진 시간에 장애상태로 놓여 있을 가능성은 인공위성군[Constellation]을 통해 10/hr비율로 발생되는 인공위성 장애 확률을 도출해 낼 수가 있다. 즉, 본 RAIM상에서 위치정보 신호를 탐지 누락 확률이 10/event 비율 또는 이보다 낮은 가능성에 기초하여만, 10/hr 비율보다 더 나은 무결성 결과를 얻어질 수가 있다.

7.8.3.8 핵심 인공위성군 성능 매개변수[Core Constellation Performance Parameters]

7.8.3.8.1 Table 7-1 상에는 주기적인 검증을 위해 적절한 핵심 인공위성군[Core Constellation]에 대한 매개변수 관련 기본적인 설정 목록이 제시되어 있다. Table 7-1 상에 명시된 성능 매개변수는 GPS와 GLONASS에 초점을 맞추고 있다. 또한 Table 7-1 상에 명시된 성능 매개변수는 관련 표준 권고안[SARPs]으로 사용될 경우에는 기타 다른 인공위성군[BDS 및 Galileo]으로 확대될 것이다.

7.8.4 위성항법 데이터 기록[GNSS Data Recording]

7.8.4.1 기록장치는 Annex 10, Volume I, 2.1.4.2 조항에 보고된 요건에 따라 구현이 될 수 있음과 아울러, 특정 계약 수단[Means of Specific Agreements]을 통해 다른 관련 기관들[Entities] 또는 체약국들에게 위임이 될 수 있다. 기록장치에 대한 배치 장소 관련 기준은 성능평가에 사용되는 기준과 동일할 수 있다.

7.8.4.2 기록장치는 GNSS서비스와 연계되어 운영될 필요성이 있다. 향후에 특정 GNSS구성을 통해 제공되는 위치, 속도, 및 시간표시에 대한 재구성을 활성화하기 위해서는 통상적으로 1Hz의 속도로 연속해서 데이터를 기록하도록 권고된다.

7.8.4.3 GNSS 핵심 시스템의 경우, 시야에서 추적이 가능한 모든 인공위성들에 대해서는 다음과 같은 모니터링 항목이 기록되어져야만 한다:

b) 관측된 인공위성에 대한 실제적인 의사거리 부호[Raw Pseudo-Range Code] 및 반송파 위상 측정[Carrier Phase Measurements] ;

c) 시야로 추적이 가능한 모든 인공위성에 의해 전송된 인공위성항법 관련 메시지 ; 그리고

d) 관련 녹음용 수신기 상태 정보 등.

7.8.4.4 SBAS의 경우, 위에서 감시된 GNSS 핵심시스템 관련 항목들 이외에 추가적으로 시야에 들어오는 지구정지궤도 위성[GEO]에 대해서는 다음과 같은 모니터링 항목들이 기록되어야만 한다:

a) 관측된 지구정지궤도 위성 코드 번호[C/N0] ;

b) 관측된 지구정지궤도 위성의 실제 의사거리 부호 및 반송파 위상 측정 ;

c) SBAS에 의해 전송된 데이터 메시지 ; 그리고

d) 관련 수신기 상태 정보 등.

7.8.4.5 GBAS의 경우, 위에서 감시된 GNSS 핵심시스템과 SBAS 관련 항목들 이외에 다음과 같은 모니터링 항목들이 기록되어야만 한다 :

a) 고주파수 데이터 전송[VHF Data Broacast] : VDB] 레벨 ;

b) 고주파수 데이터 전송 상태 정보 ;

c) GBAS 전송 데이터 메시지 ; 그리고

d) 관련 기준 수신기[Reference receiver] 상태 정보 등.

Table 7-1. Core Constellation Performance Parameters

Performance Parameter	Definition	Targets (Annex 10, Volume I, reference)	Notes
위치정보 정확도	수신기에 의해 추정된 위치와 기준위치점 정보간의 차로 의도되어 측정된 위치정보 오차의 95번째 백분위수[95th percentile]는 서비스 영역 내에서 고려된 임의의 지점에 대해 24시간 간격으로 계산된다.	3.7.3.1.1.1 (GPS) 3.7.3.2.1.1 (GLONASS) 목표물[Targets]은 간격[Sspace]/제어부분[Control Segment]만으로만 언급이 될 뿐 대기[Atmospheric] 또는 수신기 오차는 고려되지 않는다.	
거리범위[Domain] 정확도/ 순간적인 공간상에서의 신호[Signal-in-Space] 사용자 거리오차 [User Range Error : URE]	주어진 위치점에서 측정된 의사거리[Pseudo-Range]와 항법메시지에서 산출된 예상 의사거리[Expected Pseudo-Range]간의 차	3.7.3.1.1.3 (GPS) 3.7.3.2.1.3 (GLONASS) 목표물은 간격 [Space]/제어부분[Contro l Segment]만으로만 언급이 되어지며, 대기[Atomospheric]또는 수신기 오차는 고려되지 않는다.	정확한 사용자 거리오차[User Rang Error : URE]를 계산하기 위해 권고된 방법은 정확한 실시간 궤도와 SUCG, NGS, SOPAC 등과 같은 공용 웹사이트에서 사용할 수 있는 시각 솔로우션으로부터 항법메시지 상에서 사용자 수신기를 통해 수신된 전송력[Broadcast Eplemis]을 빼[Subtract]는 것이다. 사용자 거리오차[URE]를 계산하기 위한 두 번째 가능성은 전리층[Ionosphere], 대류층[Tropshere] 영향에 따른 전파와 의사거리 오류 구성요소[Pseodo-Range Error Components]인 다중경로

Performance Parameter	Definition	Targets (Annex 10, Volume I, reference)	Notes
			[Multipath], 수신기 잡음, 수신기 시각 장애 영향에 따른 사용자 수신기를 배재시키기 위해 사용자 수신기 성능을 사용하는 것이다. 계산된 사용자 거리오차[User Range Error : URE]의 정밀도는 선택된 사용자 수신기의 단일/이중 주파수, 오류 수정용 알고리즘 등 요소에 좌우된다.
서비스 가용성 [Service Availability]	예측된 95% 위치정보 정확도를 나타내는 어떤 임의의 24시간 간격에 따른 시간 비율[Percentage]은 서비스범위[Volume] 내에서 지정된 값보다 다소 작다.	3.7.3.1.2 (GPS) 3.7.3.2.2 (GLONASS) 목표물은 대기 또는 수신기 오차는 고려되지 않는다..	용어 "예측"은 미래에 예측될 인공위성의 위치 및 시각 정보의 추정을 제공하는 실시간 처리로 사용 될 때, 전송[Broadcasting] 항법메시지의 용도로 언급될 수도 있다.
주요 서비스 장애 확률 또는 가능성 [Probability of Major Service Failure]	대기권 및 수신기 등에 의한 오차를 제외하고, 상태가 양호한 인공위성의 범위[Ranging] 신호 오류 관련 명확한 시간 간격에 대한 확률[Probability]은 주어진 요인[Given Factor]에 따라 전송 범위 오류 제한치[Broadcast Range Error Limit]를 초과한다.	3.7.3.1.4 (GPS) 3.7.3.2.3 a) (GLONASS)	본 매개변수는 1년 기간에 걸쳐 확인이 이루어진다. 이와 관련하여 2개월 연속적인 기간을 사용하는 계산을 위해서는 미닫이창 방법론[Sliding Window Methology]를 사용하도록 제안된다. 본 매개변수 공간상에서의 신호 오류[Signal-in-Space Error : SISE]와 같은 기타 측정값에서 파생이 이루어진다.
연속성 또는 지속성 [Continuity]	인공위성 별 정상적인 공간상에서의 신호 전송[Signal-in-Space]에 따른 확률은 명시된 시간 간격에 대한 비계획적인 중단[Unscheduled Interruptions]이 없이 정상적인 성능으로 지속될 것이다.	3.7.3.1.5 (GPS) 3.7.3.2.3 b) (GLONASS)	정상적인 공간상에서의 신호[Signal-In-Space : SIS] 조건은 핵심적인 위성군 성능기준[Core Constellation Performance Standards] 또는 연계자료[Interface Documents]와 일치되게 정의되어 있다.
두 대 또는 그 이상의 인공위성에 대한 동시	주요 서비스 오류로 정의된 동일한 조건하에서 둘 또는 그 이상의 인공위성	$1x10^{-9}$ /hr (현재 GPS만 유효함)	언제든지 발생 가능한 발표되지 않은 단일 오류로써, 2개 또는 그 이상의 독립적인 가능성을 포함하는 확률;

Performance Parameter	Definition	Targets (Annex 10, Volume I, reference)	Notes
주요 장애가 발생될 확률 [Probability of Simultaneous Major Failures of two or more Satellites	들이 동시에 오류가 발생될 확률.		그리고, 예를 들어 지상구역 시작점[Ground Segment Leading]에서부터 여러 대의 인공위성 또는 심지어 전 위성군[Whole Constellation]에 이르는 주요 오류 등과 같이 둘 또는 그 이상의 인공위성 상의 오류가 발생될 확률.

7.8.5 이행 방향[Implementation Aspects]

7.8.5.1 다가오는 새로운 위성군을 포함한 현재의 GNSS 발전 계획을 고려할 경우 체약국들은 본 장에서 제시된 지침에 따라 성능 평가 활동을 시행할 수가 있다. 일단 핵심위성군이 배치되면 글로벌 성능 모니터링 보고서가 제공이 될 것이다. 이와 더불어 다음과 같은 방향설정[Roadmap]이 이루어질 것이다;

1. 성능 평가[Performance Assessment]와 데이터·기록 기능[Data Recording Capability]을 고려하고 있는 체약국에서는 다음과 같은 접근법[Approaches]을 사용할 수 있다:
   a) GNSS 서비스 제공자 또는 기타 조직을 통해 제공된 공식 보고서을 사용;
   b) 인근 체약국[Neighbouring] 또는 데이터 제공자들의 동의를 통한 기존 지역/글로벌 감시망을 설치 또는 사용;
   c) 관심 지역을 커버[Cover]하는 성능보고서를 인그 체약국과 동의 후 설치 ; 그리고
   d) 국가 전용 통신망 구축이행
2. 마래에는 GPS를 비롯한 GLONAS, BDS 및 Galileo 등과 관련된 Annex 10. Volume I에서 확인된 매개변수를 포함한 글로벌 정기 성능보고서를 제공할 수가 있다. 또한 본 보고서들은 체약국들에 의해 이전에 구현된 기능들을 조합하거나 대체하여 사용이 될 수가 있다.

7.8.5.2 감시용 수신기에 대한 위치 선정을 필수적인 중요한 요소로써, 전리층 및 대류권에 따른 대기 효과 영향을 비롯해 수신기 잡음, 장애물, 무선주파수 간섭 및 다중경로[Multipath]와 같은 측정 결과에 악영향을 미칠 수 있는 모든 요소를 고려하여야만 한다.

7.8.5.3 감시 및 데이터 기록 시스템이 구축될 시에 고려되어야만 하는 또 다른 중요

포인트는 필요한 측정 안테나의 총 수와 설치 간격[Density]이다. 설치될 안테나의 간격을 결정하는 기준 설정을 위해서는 주어진 구역에서의 인공위성의 기하학적인 배치구조 및 대류권 및 전리층에 의한 지연 사례를 고려할 필요가 있다. 체약국들이 이용할 수 있는 대안 해결책[Alternatives Solutions]은 국제 GNSS 서비스[International SNSS Service : IGS], 과학연구소[Scientific/Research Institutions] 전용 분소[Dedicated Stations] 등과 같은 다른 다양한 소스 사용을 포함한다.

7.9 공역 계획 및 절차 개발[Airspace Planning and Procedure Development]

7.9.1 일반 사항[General]

7.9.1.1 Doc 9613 상에는 항법기능 요건과 항법제원을 결정하도록 연계된 특정지역에서의 공역개념을 정의하는 전략적 목표가 기술되어 있다. 대부분의 경우에, GNSS는 RNAV 또는 RNP제원에 필요한 기술 성능을 만족하기 위한 방법만을 제공한다. Annex 10 및 관련된 항법시스템[Avionics] 기준을 준수하는 기성품["Off-the-shelf"] 시스템은 이와 같은 기준에도 부합된다. GNSS는 모든 항공기 운영자들이 PBN에 저렴한 비용으로 접근이 가능하도록 만든다.

7.9.1.2 Doc 9613는 또한 항법제원을 기반으로 하는 출발, 도착, 접근절차용 항로 건설 등을 포함한 비행절차 설계에 대한 지침을 제공한다.

7.9.1.3 PANS-OPS, Volumes I 및 II 상에는 기본적인 GNSS 수신기 성능에 부합되도록 개발된 GNSS 신호를 통한 터미널, 비정밀절차[Non Preceision Approach : NPA] 및 출발 운영 등 절차에 대한 기준이 명시되어 있다. 표준계기출발/도착[Standard Instrument Departure/Standard Instrument Arrival : SID/STAR] 등에 대한 절차 관련 기준이 또한 명시되어 있다. PANS-OPS상에는 또한 APV SBAS, APV Baro VNAV 및 GBAS 절차들에 대한 기준이 제시되어 있다.

7.9.2 위성항법 기반 접근절차[GNSS-Based Approach Procedures]

7.9.2.1 GNSS가 비정밀 접근절차[Non-Precision Approach : NPA]로 최초 승인 시 항공항법서비스[Air Navigation Service : ANS] 제공자들은 새로운 독립형 [Stand-Alone] GPS시스템을 설계하게 되었다. 이와 같은 독립적인 GPS시스템으로 인해, 항로 변경[Course Reversal]이 필요 없이 흔히 매우 낮은 최저 시정치[Lower Minima]을 제공할 수가 있기 때문에 항공항법서비스[ANS] 제공자들에게는 충분한 이익을 제공할 뿐만 아니라, 항공기 승무원들에게는 전반적인 접근 절차에 대해 정밀한 위치 정보를 제공할 수가 있게 되었다. 또한 항공항법서비스[ANS] 제공자들은 기존 재래식 지상 항법시스템을 통해 선회 접근절차[Circling Procedures]만을 제공하는 활주로로 착륙하는 항공기 조종사에게 직선적인 접근절차[Straight-In-Approaches]를 지원해 줌으로써, 안전성에 대한 이점을 제공해 주게 된다.

7.9.2.2 일부 체약국들의 경우에서는, GPS 유도 정보를 사용하면서 적절한 VOR절차를 포함한, VOR/DME, NDB 및 NDB/DME NPA절차를 통해 비행하도록 항공기 조종사들에게 권한을 부여하고 있다. 이와 같은 GPS를 통한 중복절차[Overlay]는 항공항법서비스[ANS] 제공자를 통한 더 이상의 새로운 접근 절차 설계가 필요됨이 없이 항공기 운영자들에게 보다 나은 정확도와 상황 인식[Situational Awareness]에 이점을 제공해 주게 될 것이다. 이상의 진행 과정을 고려해 볼 때, 현재의 시점은 사용자에게 초기 이익을 가져다주는 중간 단계로 여겨진다. 이로 인해, 특히 NDB시스템을 통해 일부의 접근절차를 제공하는 곳에서, 자동방향탐지기[Automatic Direction Finder : ADF]인 항공기 항법 탑재장비[Avionics] 없이 항공기 사용자(또는 조종사)에게 공역을 비행하도록 지원해 줄 수 있게 할 것이다. GPS 유도 정보를 통해, 항공기 조종사는 항공정보간행물[Aeronautical Information Public : AIP]의 챠트상에 명시된 최소 하강 고도[Minimum Descent Altitude]를 준수하면서, 기존 재래식 지상항법 시스템을 통해 정의된 경로를 따라 하강 비행을 수행할 수 있게 될 것이다. 일부 VOR 및 NDB시스템을 기반으로 하는 절차는 특정 접근구간에서의 경우에는 RNAV 데이터 코딩시스템이 적용될 수가 없기 때문에 중복[Overlay] 절차 프로그램은 적합지가 않다.

7.9.2.3 중복접근절차[Overlay Approach]는 동일한 활주로 상에서 2개의 접근절차 수립으로 인한 잠재적인 혼란을 피하기 위해, 동일한 활주로 상에 GPS만으로의 단독적인[Sstand-Alone] 접근절차가 수립되어 운영 시에는 체약국의 비행정보간행물[AIP]상에서 삭제시켜야만 한다.

7.9.2.4 TSO-C129 항공기 탑재장비를 사용하는 ABAS기반 비정밀접근절차를 초기에 구현하기 위해 어떤 특정한 운영상의 제한[Restrictions]은 필요할 것으로 간주되었다. 이와 같은 제한에 따른 각 체역국별 자연의 이치는 RAIM에 대한 100% 가용성 부족을 포함해, 예비 장비로서의 기존 재래식 지상 항법시스템의 가용성, 항공교통밀도 및 항공기 탑재장비의 중복에 따른 규정 등이 포함되어 있다. 일부 체약국에서의 일반적인 운영상의 제한사항은 통상 조종사는 대체 가능한 기상 최저치 요건[Alternate Weather Minima Requirements]을 결정할 때 대체공항에서 GPS신호를 통한 접근방식은 고려하지 말아야만 한다.

7.9.2.5 GNSS 도입으로 인해, PBN 접근절차에 대한 강력한 수요를 창출하였으나, 일부 체약국들은 동 요구사항을 충족시키는데 어려움을 겪었다. 그러나 이러한 절차들은 생산성을 증대시킴은 물론, 대안을 신속하게 평가하고 주어진 상황하에서 최고로 사용 가능한 설계를 찾을 수 있게 하는 컴퓨터 지원 설계[Computer-Aided Design]를 위해서는 매우 적합하다.

7.9.3 최저 항로 고도[Minimum En-Route Altitude : MEA]

기존의 재래식 지상 항법시스템의 신호 통달 범위[Coverage Limitations]는 항로[Airway]상에 최저 항로고도[Minimum En-Route Altitude : MEA]에 영향을 미친다. 어떤 경우에는, 항공기는 산소가 필요하거나 결빙상태가 나타나는 곳에서는 보다 높은 고도로 비행하는 것이 요구된다. 기존 재래식 지상 항법시스템과는 반대로, GNSS는 지면에 대한 Coverage 정보를 제공하므로, 최저 항로고도[MEA]는 지상의 계곡 경사면, 장애물 및 통신 가능 법위에 기초하여 고려될 수 있다.

7.10 항공정보 서비스[Aeronautica Information Services]

7.10.1 위성항법 기반 운영 관련 정보[Information about GNSS-Based Operations]

7.10.1.1 체약국이 GNSS기반 운영절차를 승인할 경우에는 체약국 AIP상에 필요한 교육 요건들과 같은 절차들, 명확한 약관 명세서[Statement of Terms and Conditions] 등을 제공해야만 한다.

7.10.1.2 체약국들 또한 GNSS 기술 및 운영상의 적용[Operational Applications]과 관련하여 그간 진행되어온 정보[Background Information]를 제공할 필요성이 있다. 경험에 따르면 항공기 운영자들은 GNSS와 관련하여 가장 효과적이고 효율적인 사용법 뿐만 아니라, 규정에 부합되고 있음을 보장하는 상세한 정보를 요구하고 있음을 보여주어 왔다. 많은 체약국들은 이와 같은 정보들은 개발 후 자신들의 웹사이트 상에서도 이용이 가능하도록 발전시켜 왔다.

7.10.1.3 GNSS기술 및 운영적인 발전속도에 힘입어, 항공 운영자들은 항공기 탑재장비[Avionics]구매 계획 시, 자신들을 지원[Assist] 할 수 있는 현재의 정보를 요구하고 있다. 이와 같은 요구 조건들은 항공기 운영자들에 의해, 자신들이 운영개념[Concept of Operations : CONOPS] 및 사업관련 개발 사례를 포함시킴으로써 얻어질 수 있게 되었다.

7.10.1.4 본 정보는 개정 후 항공정보 회람[Aeronautical Information Circular : AIC] 인가 체약국별 비행정보간행물[Aeronautical Information Publication : AIP] 또는 일부 경우에는 자문회람[Advisory Cicular]을 통해 발간이 될 수 있다.

7.10.2 범세계 지도 좌표 시스템[WGS-84 Coordinate System]

7.10.2.1 성능기반 항법유도정보의 신뢰성은 일반적인 측지기준시스템[Geodetic Reference System]에 기반을 두고 있는 Waypoint 좌표의 정확한 위치정보에 의존한다.

7.10.2.2 Annex 10상에서, GNSS 위치 정보는 WGS-84로 표현되어야 함을 명시하고 있다. WGS-84사용과 관련하여 추가적인 정보 규정집은 범세계지도시스

템[World Geodetic System : WGS]-1984(WGS-84) Manual(Doc 9674)을 비롯해 Annex 4-항공지도[Aeronautical Charts], Annex 11-항공교통서비스[Air Traffic Services], Annex 14, 및 Annex 15-항공정보서비스[Aeronautical Information Services] 등으로 구성이 된다.

7.10.2.3 Doc 9674 상에는 WGS-84와 관련된 기존 좌표와 기준데이터에 대한 변환 절차 관련 지침자료가 수록되어 있다. 이는 본래의 좌표 품질과 정확도를 고려하지 않은 수학적 과정이라는 점에 유의해야만 한다. 많은 체약국들은 선호되는 옵션으로 고려되는 기존 조사 및 재조사의 무결성 부족의 요인이 되는 WGS-84표준에 재조사를 선택했다.

7.10.2.4 Annex 10 상에는 GLONASS 좌표시스템은 WGS-84좌표를 얻도록 사용된 변환 파라메터를 제공하는 PZ-90이어야 한다고 명시되어 있다. 2007년경에, the PZ-90 관련 자료들은 WGS-84에 비해 40Cm 작게 하여 다르게 갱신되었다.

7.10.3 Airborne Navigation Data-Base

7.10.3.1 GNSS 항법접근유도 절차의 안전성은 항공기 항법 관련 데이터 베이스 상에 데이터의 무결성에 좌우된다. 체약국들은 조사 시점부터 항공항법 데이터베이스 시스템을 구축하는 항법시스템 제작자들이 데이터 베이스 공급업체에게 정보를 제출할 때까지 보유된 위치정보 관련 품질(정확도, 무결성, 해상도)를 보장해야만 한다. 체약국들은 데이터 공급자의 인증 및 감독 또는 감독책임이 인증된 항공기 운영자들을 통해 데이터 무결성을 보장할 수가 있다. 이와 같은 과정들은 ATC비행데이터 및 레이더 시스템에서 사용되고 있는 데이터와 일치되는지를 보장해야만 한다.

7.10.3.2 Doc 9613상에 항법관련 기술제원은 특정 운영[Spacific Operations]을 위한 데이터베이스의 요구사항과 동일하다. 본 두 가지의 조화로운 EUROCAE/RTCA 자료인 항공데이터 처리 관련 기준[Standards for Processing Aeronautical Data : RTCA/DO-200A/EUROCAE ED-76] 및 항공 정보 관련 기준[Standards for Aeronautical Information : RTCA/DO-201A /EUROCAE ED-77] 등은 항공 관련 데이터 생성 및 관리를 하는데 이용이

될 수 있다. 본 자료들은 유효한 경유지[Way-point] 좌표를 개발함과 아울러 항공 항법 데이터 베이스 상에 정확한 좌표로 유지되도록 보장하기 위한 체계[Framework]를 제공한다. 항공데이터 관련 규정은 Annex 11, Chapter 2, 및 Annex 15, Chapter 3에 수록되어 있다.

7.10.3.3 항공 승무원이 사용하는 지도 및 차트는 항공 항법 데이터 베이스와 일치되어야만 한다. 절차를 비행할 때, 설정되는 항로는 데이터 베이스 공급자에 의해 부호화된 다리형[Leg-Type] 지정자 및 경유지[Way-point] 좌표를 통해 정의된다. 따라서, 설계자들은 체약국들이 계기접근 및 출발절차에 사용되는 모든 경유지[Waypoint] 관련 좌표를 비롯해 필수적인 다리형 지정자들[Leg-type Deignators] 등을 인증[Validate]해야만 하는 데이터 코딩 기준을 이해하여야 한다.

7.10.3.4 항공항법 데이터 베이스는 항공기 탑재장비[Avionics]를 28일 마다 갱신되는 현재의 데이터 베이스를 필요로 하는 효과적인 항공정보 조정 및 제어[Aeronautical Information Regulation and Control : AIRRAC] 주기와 관련하여 유효[Valid] 되어야만 한다. 사용주기가 만료된 항법 데이터 베이스는 안전에 위험성이 따른다.

7.11 위성항법시스템 서비스 상태 공지[GNSS Service Status Notification]

7.11.1 일반사항[General]

7.11.1.1 체약국별 항공항법서비스[Air Navigation Services] 제공자들은 항공항법서비스에 대한 제반상황을 보고할 책임이 있다. 만약, 항공항법서비스와 관련된 그 어떤 상황이 변경되거나 또는 변경될 것으로 예상이 되는 경우에, 사용자들은 항공교통서비스[Air Traffic Services : ATS] 또는 NOTAM을 통하거나 또는 Annex 15에 제시된 PANS-ATM[Procedures for Air Navigation Services-Air Traffic Management : Doc 4444]에 의한 항공정보시스템[Aeronautical Information System : AIS] 등을 통해 직접 통지하여야만 한다.

7.11.1.2 기존 재래식 지상 항법시스템의 경우, 관련 서비스는 자체의 장비 동작상태와 직접적인 관련성이 있다. 따라서, 예를 들어, 계기착륙시스템[Instrument Landing System : ILS]이 서비스를 중단한다는 것은 관련된 정밀접근절차를 이용할 수 없다는 것을 의미한다.

7.11.1.3 GNSS의 경우, 핵심적인 인공위성군[Core Constellation]의 인공위성 또는 SBAS 기준국[Reference Station]에 장애가 발생하거나 또는 유지보수를 위한 서비스가 제거될 시에는 서비스 손실에 대한 직접적인 관련성은 없다. 이와 같은 경우 항공항법서비스 제공자들과 항공기 운영자들은 수학적인 모델을 사용하는 운영중단의 일반적인 영향을 결정할 수 있다. 여기에는 자국의 영공 서비스를 제공하는 시스템을 개발 중에 있는 체약국들을 지원할 수 있는 상업적인 국가기관들이 해당된다. 그러나, 다음과 같이 기술된 대로, 이 같은 모델들은 한 지역에서의 모든 항공기를 대상으로 정밀성을 갖춘 서비스 가용성을 정의할 수 없다.

7.11.2 핵심적인 인공위성 시스템 상황 관련 항공고시보[Core Satellite System Status NOTAM]

7.11.2.1 GNSS 핵심적인 위성군의 운영자는 자신들의 인공위성들 관련 실제 및 예정된 운영중단에 대한 정보를 제공해야만 한다. 미국에서는 GPS 인공위성[NAVigation Satellite Timing And Ranging System : NAVSTAR] 사용자[NANUs]에게 권고용 통지를 통해 권고사항(Advisories)을 제공하는 반면에 러시아연합국에서는 GLONASS 사용자[NAGUs]에게 권고용 통지를 통해 권고사항을 제공한다. 항공항법서비스 제공자들을 포함한 일부 항공기 운영자들은 본 정보를 서비스 상황 모델링으로 지원하기 위해 NOTAM형식으로 제공하도록 요구하고 있다. 항공항법서비스 제공자들을 통해 운영되는 시스템들은 일반적으로 인위적인 개입이 없이 서비스 상황에 고지[Notifications] 및 항공고시보[NOTAM]을 생성한다.

7.11.2.2 다음과 같은 이유로 모니터 수신기 또는 수학적 모델을 사용하는 서비스 지역 내 모든 곳에서 항공기 수준에 맞는 성능을 정확하게 설정한다는 것은 불가능하다;

a) 항공기 모니터용 수신기가 서로 다른 인공위성을 추적할 수 있는 경우;

b) 항공기 모니터를 통해 가늠할 수 없는 안테나 설치 상황 및 항공기체의 모습[Airframe Shape]으로 인해 추적중인 인공위성의 신호레벨이 변화되어 나타나는 경우;

c) 항공기 역학[Dynamics]으로 인해 인공위성의 수신기능에 역할을 미치게 될 경우;

d) 계곡 같은 지형 등이 차폐[Terrain Masking] 상황으로 인해 항공기 또는 모니터상에 영향을 미치게 되는 경우;

e) 다중경로[Multipath]를 포함한 수신기 소음 및 전리층과 같은 오류발생원[Error Sources]이 모니터가 항공기 수신기 간에 상호 관련성이 없을 경유; 그리고

f) 항공기 수신기가 기본적인 항공기 수신기 자동 무결성 감시기능[RAIM]/오류신호 검출 및 차단기능[FDE]에 대한 가용성을 개선하는 고유한 기술을 적용할 수 있는 경우 등이 이에 해당된다.

7.11.2.3 항공기 탑재장비에 대한 설계 다양성에 따라, 하나의 서비스 상태 모델은 모든 운영자들의 요구사항을 충족시킬 수는 없다. 즉, 과거 보수적인 모델은 일부 항공기들에 대해서는 오류경보를 발생시키게 만들 것이다. 다소 미약한 보수적 모델은 일부의 경우에는 서비스중단을, 그리고 기타 경우에는 오류경보 등에 대한 감지기능 누락시키게 만들 것이다. 어떠한 상황이든 간에, 예를 들어, ABAS기반 계기접근절차 이행을 계속 진행할 것인가에 대한 결정은 항공관제사[Air Traffic Control : ATC]가 아닌 항공기 승무원만이 할 수 있는 위치에 있다. 이와는 대조적으로, 항공관제사[ATC]는 계기착륙시스템 관련 모니터상의 데이터가 오작동 상태로 확인될 경우 항공기 조종사에게 ILS를 통한 계기접근절차에 대한 허가를 거부할 수 있다. 실시간[Real-Time]적인 모니터 개념의 경우, GNSS-ABAS 운영에는 실용적이거나 필요치는 않다. 이에 반해, SBAS와 GBAS 운영시에 실시간은 실용적일 수는 있으나, 그러나 구현[Implementation]은 유효한 운영[Valid Operational Requirement]상의 요구사항에 따라 좌우된다.

7.11.2.4 자체의 특정 ABAS/RAIM인 항공기 탑재장비[Avionics]에 명시된 예측 소프트웨이[Prediction Software]에 접근하는 항공기 운영자들은 일반적인 고지용 서비스[Notification Service]를 사용하는 것보다는 본 프로그램[Prediction

Software]을 적용하여 사용할 경우 보다 유리한 장점이 있음을 확인하게 될 것이다. SBAS와 GBAS의 경우, 항공기 운영자들은 서비스 상태 고지[service status notifications]에 의존하게 될 것이다.

7.11.2.5 항공정보서비스[AIS] 제공자들은 모든 서비스 고지[Notifications] 는 항공고시보[NOTAM] 수단을 통해 전달할 수 있으나, 그러나 일부 체약국들의 경험을 기초로 인터넷은 확실한 장점을 갖는 대안을 제공한다. 본 고시보상에는 다음과 같은 정보들이 포함된다. 즉, 서비스 영역 내에서의 예정된 운영 중단[Predicted Outages] 일정에 대한 그래픽화 된 표시기능; 지정된 비행 항로에 대한 자동화된 표시기능 ; 비행전 계획정보[Preflight Planning Information]의 출처로써 인터넷의 광범위한 수용력 등. 그러나, 인터넷은 NOTAM시스템으로서의 동일한 보안 기준상으로는 충족될 수가 없기 때문에 일부 체약국 등에서는 서비스 상황 고지[Service Status Notification] 수단으로 인정되지는 않고 있다.

7.11.2.6 어찌되었든 간에 서비스 제공자들은 다음과 같은 정보들을 전파하기 위해서는 반드시 NOTAM 시스템을 사용하여야만 한다.

a) 핵심적인 인공위성 시스템의 성능상태

b) GNSS 외부 간섭영향

c) 지구정지궤도위성[GEO] 장에 따른 광범위한 SBAS 운영중단 상황

d) GBAS 운영중단 상황 등.

7.11.3 신호간섭 관련 항공고시보[Interference NOTAM]

7.11.3.1 항공항법서비스[ANS] 제공자들은 항공기로부터 비정상적인 보고를 받거나 또는 지상기반 장비(지상항법장비)상에 외부에 의한 신호간섭사항이 제기될 경우는 즉각적인 대응조치를 취할 준비가 되어있어야만 한다. 만약 원인 분석결과 외부에 의한 신호간섭이 발생된 것으로 확인이 될 경우 항공항법서비스 제공자들은 간섭 영향을 받은 지역을 식별하여 적절한 항공고시보[NOTAM]를 발행하여야 한다.

7.11.3.2 일부 체약국들에서는 군당국을 통해, 특정지역에서 GNSS서비스를 차단하는 방행신호[Jamming Signals]를 의도적으로 발사함으로써, 가끔 자신들의 장비와 시스템의 성능시험이 이루어지고 있다. 본 활동들은 통상 국가주파수 관

리소[Spectrum Offices]와 항공항법서비스 제공자들 간에 사전 협조를 통해 시행되고 있다. 방해신호장치[Jamming Devices]를 운영하는 군 및 기타 관련당국들은 항공항법서비스 제공자들로 하여금 전파 영향을 받는 공역을 파악하여 항공기 운영자에게 고지하여 어떤 필요한 대체 절차를 선택하여 운영을 결정할 있도록 동 항공항법 서비스 운영자들과 사전 조율이 이루어져야만 한다.

7.11.4 "SBAS 사용불가 Unavailable"[NOTAM]

7.11.4.1 "SBAS 사용불가" 항공고시보[NOTAM]은 어떤 한 특정지역을 대상으로 서비스를 제공하는 모든 정비지구궤도[GEO] 인공위성에 장애가 발생될 경우에 사용이 된다. 이와 같은 SBAS사용불가 항공고시보가 발행될 경우, SBAS사용자들은 항법신호관련 무결성 모니터링을 위해서는 항공기 수신기 자동 무결성 모니터[RAIM] 및 오류신호 검파 차단[FDE] 기능에 의존하게 될 것이다. 본 항공고시보 상에는 SBAS사용자들에게 RAIM 가용성을 비행 전에 예측을 수행하도록 경보[Alert] 신호를 공지한다.

7.11.4.2 서비구역 가장자리[Edge] 인접구역에서 SBAS 기준국[Reference Station]에 장애가 발생될 경우 한 지역에 위치한 공항에서는 수직유도정보를 제공하는 접근 절차[Approach Procedure with Vertical Guidance : APV]는 사용할 수 없게 될 것이다. 이로 인해, 또한 신호 간섭 영향을 받은 지역을 명시하는 "SBAS사용불가" 항공고시보[NOTAM]를 적용을 받게 되거나, 또는 사용자들은 7.11.6 조항에 명시된 대로 간섭 영향을 받은 공항에 대해 조언할 수 있게 될 것이다.

7.11.4.3 비록 가능성은 낮지만, 핵심적인 위성군[Core Constellation]을 구성하는 인공위성들의 수는 사용이 가능한 수를 기준으로 21대 이하로 크게 감소될 가능이 있거나 또는 SBAS시스템의 구성부분에 대한 장애는 비정밀 접근절차[Non-Precision Approach : NPA]인 측위항법[Lateral Navigation : LNAV] 절차를 통한 SBAS 항로 가용성을 저하시키게 될 것이다.

따라서, SBAS 서비스는 여전이 "사용 가능" 할 수는 있지만, 그러나 서비스는 중단될 것이다. 이와 같은 경우, SBAS Unavaillable NOTAM은 SBAS 사용자들에게 비행 전에는 반드시 RAIM관련 성능점검을 수행하도록 지시되어야만 한다.

7.11.5 GBAS 서비스 중단 관련 항공고시보[Station Outage NOTAM]

만약 GBAS시스템을 통한 서비스제공이 중단되었거나, 또는 중단될 것으로 예상이 되는 경우에는 신속한 NOTAM발송이 요구된다. GBAS 요소 장애 시에는 서비스를 완전히 중단시키기 보다는 CAT-II/III에서 CAT-I으로 저하된[Downgraded] 등급으로 운영이 이루어질 수 있다.

7.11.6 PBN 서비스 상황 고지[Service Status Notifications]

7.11.6.1 서비스 상태 모델 [Service Status Models]은 ABAS/RAIM 또는 SBAS를 기반으로 하는 체약국에서 승인된 모든 서비스 수준을 반영해야만 하지만, 그러나 소유권이 등록된 [Proprietary] 항공기 탑재장비 설계[Avionics Design]에 기초한 특별허가가 필요한 시스템들은 포함이 되지 않는다. 서비스 상태 모델을 확인하는 데에는 GNSS 및 SBAS운영을 관리하는 기술기준지침[Technical Standard Order : TSO]과 관련됨은 물론 항법성능기반[Performance-Based Navigation : PBN] 항법제원[Navigation Specifications]와도 관련된 다양한 무결성 경보 한계치에 대한 모델링을 수반하는 적절한 서비스 수준을 반영하고 있다.

7.11.6.2 다중적으로 구성된 핵심적인 인공위성군[Multiple Core Constellation]에 의한 신호가 운영적으로 사용이 되고 있는 곳에서의 경우에는 본 인공위성군은 공동으로 연결하여 사용하는 모델이 필요하게 될 것이다.

7.11.6.3 SBAS 항법시스템[TSO-C145/C146/TSO-196]을 통해 보다 뛰어난 가용성을 갖춘 TSO-C129 항법시스템과 같은 기능을 할 수 있다는 사실에 비추어 볼 때, 본 모델은 SBAS서비스 외곽지역을 비행하는 SBAS항법시스템을 보유한 사용자들을 만족시켜야만 한다.

7.11.6.4 항공항법서비스 제공자들은 기본적인 표준[Basic Standards]을 충족하는 항법시스템과 호환되는 재래식 모델을 채택하여야만 한다. 이것은 사용자로 하여금 특정한 항법시스템 성능에 보다 일치되는 예측을 얻기 위한 성능을 지원하는 마스크 각도[Mask Angle]과 기압계[Barometric] 등과 같은 것들을 입력할 수 있는 특징을 제공하는 것을 배제케 하지는 않는다.

7.11.6.5 Table 7-2상에는 기본적인 GNSS[TSO-C129] 및 SBAS[TSO-145] 항법

시스템과 관련된 예측된 무결성 경보 한계치 값이 명시되어 있다.

7.11.6.6 추가적인 서비스 레벨이 출현함에 따라, 적절한 경보 한계치[Alert Limit] 계산을 추가함으로써, 모델링[Modelling]과 알림[Notifications]이 포함되어져야만 할 것이다. 이와 같은 같은 과정을 통해 ADS-B구현과 관련된 수준이 포함될 수 있게 될 것이다.

Table 7-2. 서비스 수준 및 경보 한계치[Service Levels and Alert Limits]

	항로 구역 [En-Route Area]	터미널 구역 [Terminal Area]	LNAV LNAV/VNAV	LP [Localizer Performance]	LPV* LP with Vertical Guidance	CAT I*
Alert limit	HAL=2NM	HAL=1NM	HAL=0.3NM	HAL=40m	VAL=50m	VAL=35m
GPS Avionics	제공됨 [Provided]	제공됨 [Provided]	제공됨 [Provided]	제공 불가 [N/A]	제공 불가 [N/A]	제공 불가 [N/A]
SBAS Avionics	제공됨 [Provided**]	제공됨 [Provided**]	제공됨 [Provided]	제공됨 [Provided]	제공됨 [Provided]	제공됨 [Provided]

* SBAS를 통한 수직유도정보제공 능력을 갖춘 Localizer 성능[LPV]과 and CAT- I 절차에 대해서는 수평적인 경보 한계치[LPV]를 40m 이내로 유지되도록 서비스 제공이 가능하지만, 그러나 수직적인 경보한계치[VAL]의 경우에는 서비스 예측[Service Prediction]을 위한 주요 구성요소[Dominant Component]로서만 가정될 수 있다.

** SBAS 기능이 수행되는 경우에는 가용성이 100%이기 때문에 항로 및 터미널 구역에 대한 서비스 예측절차는 필요치가 않다. 다만, 본 예측절차는 SBAS 항법시스템을 갖춘 항공기가 SBAS 신호 서비스가 제공되는 외곽 지역 또는 광범위한 SBAS시스템 상에 장애가 발생된 지역에서 비행이 이루어지고 있을 경우에 한해서만 지원이 필요한 절차이다.

7.12 이상 징후 보고서[Anomaly Reporting]

7.12.1 항공기 승무원의 관점에서, GNSS시스템에 대한 이상 징후는 항법유도정보가 상실되거나 또는 유도정보에 대한 신뢰성이 결여될 경우에 발생된다. 이와 같은 점에서, 이상 징후는 서비스 중단과 유사하다. 통상 이상 징후 발생은 항공기 수신기[항법시스템] 또는 안테나 오작동을 비롯해, 시야 상에서 불확실하게 위치한 상태로 궤도비행중인 인공위성, 열악한 위성의 기하학적인[Geometry] 상태 또는 항공기 동체[Airframe]에 의한 신호차단[Masking of Signals] 등과

관련이 있을 수 있다. 감지되는 이상 징후는 또한 신호 간섭에 의한 것일 수도 있지만, 그러나 이 같은 판단을 내리기 위해서는 이용 가능한 모든 정보를 기반으로 하는 상세한 분석절차가 요구된다.

7.12.2 조종사의 필요한 조치사항은 다음과 같다:

a) 실행 가능한 신속한 방법으로 지상의 항공관제사에게 상황을 보고하여 필요에 따라 특별 관리를 요청한다;

b) 항공기 호출부호[Aircraft Call Sign]을 포함한, 항공기가 비행중인 위치[Location], 고도[Altitude] 및 발생 시간 등 정보를 지상의 항공관제사에게 전송한다; 그리고

c) 이상 징후 중 항공기 항법시스템 상의 장애 및 증상 같은 이벤 관련 내용을 포함하는 정보를 가능한 한 신속히 지정된 관계당국에 전송한다.

7.12.3 관제사의 필요한 조치사항은 다음과 같다:

a) 항공기 호출부호[Aircraft Call Sign]을 포함한 항공기가 비행중인 위치[Location], 고도[Altitude] 및 발생시간 등과 같은 최소한의 정보들을 기록;

b) 이상 징후를 경험할 수 있는 기타 다른 GNSS시스템을 장착한 항공기를 식별하기 위한 노력 시도;

c) 필요에 따라, 기타 다른 항공기로 이상 징후 보고서를 전송;

d) 지정된 관계 당국으로 정보를 전송; 그리고

e) 체약국의 절차서 작성 기준에 따라 항공기 승무원에게 완료 보고서를 제출하도록 요청.

7.12.4 각 체약국들은 아성 장후와 관련된 정보를 수집하고, 신호간섭을 추적할 수 있는 보고된 이상 징후를 분석하는데 필요한 조치 과정을 결정하는 국가 또는 지역사무소를 지정해야만 한다. 본 사무소에서는 체약국 및/또는 기타 국제관련 기관들[International Agencies] 산하에 해당 관련 기관들[Appropriate Agencies]에게 정보를 분석 후 배포하여야 한다. 이와 관련하여, 취할 수 있는 초점 단위별[Focal Point Unit] 일부 조치사항들[Some Actions]은 다음과 같다:

a) 이상 징후 관련 보고서들에 대한 평가;

b) 항공교통서비스[ATS]관련 조언 및 상황별로 Update된 자료를 제공;

c) 주파수 관리를 담당하는 기관에 통보;

d) 필요에 따라, 적절한 권고[Advisories] 및 항공고시보[NOTAM] 등에 대한

발행 보장;

e) 핵심적인 인공위성군[Core Satellite Constellations] 또는 기타 GNSS 시스템 요소를 제공하는 체약국들/기관들과의 업무 조정;

f) 신호 간섭 위치 추적 시도 및 간섭요인 출처 결정;

g) 이상 징후를 완화하기 위한 국가정책 이행; 그리고

h) 분석될 단위별 이상 징후와 관련된 모든 활동에 대한 추적 및 보고 등.

7.12.5 GNSS신호 관련 간섭을 차단하고 완화하기 위한 국가와 국제기관 간에 조치 관련 조정 협의체 구성은 필수적이다. 보고 체계[Reporting Process]를 활성화 시키기 위해서는 이상 징후 관련 보고서 추적을 가능케 하는 표준 양식을 사용할 경우 협조노력[Coordination Efforts]에 도움이 된다. 체약국들은 GNSS에 대한 이상 징후 관련 분석을 위해서는 보다 상세한 정보를 요구할 수도 있다. 데이터 수집과 본 데이터에 대한 후속 평가를 통해 의사 결정자에게는 이행조치를 위한 필요한 지원을 제공하게 될 것이다. 체약국을 통해 채택된 어떤 특정 양식은 체약국의 항공정보간행물[AIP]상에 게시되어야 함과 아울러 항공정보회람[AIC]상에 제정[Enacted]되어야 한다. 양식 표본[Sample]은 Appendix F의 Attachment 상에 게재된다.

7.12.6 항공기 승무원 보고서 관련 분석상에 신호 간섭에 존재하는 것으로 결론이 지어진다면, 항공항법서비스[ANS] 제공자들은 7.13조항에 명시된 조치 절차에 따라, 간섭 영향을 받은 지역을 식별하여 적절한 항공고시보[NOTAM]을 발행함과 아울러 전용 통신망을 통해 항공기 승무원에게 공지하고, 완화 조치를 적용 후 신호 간섭 근원지의 위치를 추적하여 문제를 해결해야만 한다. 항공항법서비스[ANS] 제공자들 또는 다른 책임 있는 조직에 의해 지상기반 시스템을 사용함으로써 신호 간섭을 추적할 수도 있다.

7.13 위성항법시스템의 취약성 : 운영 관련 영향 완화[GNSS Vulnerability : Mitigating the Impact on Operations]

Note. GNSS 무선주파수 간섭[RFI] 관련 완화를 위한 추가적인 안내정보는 Appendix F에 명시되어 있다.

7.13.1 위험성 평가[Risk Assessment]

7.13.1.1 본 Chapter 5상에 명시된 대로, 각 체약국들은 비의도적이든 의도적인 신호 간섭으로 인해 발생되는 서비스 중단 가능성을 줄이기 위한 조치를 취할 수가 있다. 그러므로, 항공항법서비스[ANS] 제공자들은 여전히 서비스 중단의 여지 가능성과 특정지역에서의 항공기 운영 중단 관련 신호 간섭 영향에 대한 의사 결정을 통해 위험성 평가를 완료해야만 한다.

7.13.1.2 신호 간섭의 가능성은 인구밀도를 포함한 항공 및 비항공 서비스를 교란하기 위한 지역에서의 개인 또는 단체들의 동기[Motive]와 같은 요인들에 의해 좌우된다. 신호 간섭 가능성은 대양 및 인구가 드물게 정착하고 있는 지역에서의 경우에는 거의 미미할 정도로 낮게 나타나는 반면에, 주로 인구가 밀집된 인근 지역에서는 매우 높게 나타날 것이다. 환경 영향 평가는 공역의 유형을 비롯해, 교통량 수준 및 독립적인 감시[Survellance] 및 통신[Communications] 관련 서비스의 가용성을 고려하여 안전과 경제적 효과 측면을 다루게 될 것이다. 섬광[Scintillation]으로 인한 GNSS 운영중단 가능성은 지리적인 위치에 따라 좌우되어 과학적인 평가가 필요할 것이다. 운영중단 가능성이 간주 될 경우, 이에 대한 완화 조치는 필요하게 될 것이며, 이로 인해 중요한 영향이 미치게 될 것이다.

7.13.1.3 향후에는, 발전된 항법시스템을 갖춘 다중 위성군[Multi-Constellation] 및 다중 주파수[Multi-Frequency] GNSS의 가용성을 통해 서비스 중단 가능성은 줄일 수 있게 될 것이다.

7.13.2 완화 전략[Mitigation Strategies]

7.13.2.1 GNSS신호에 대한 갑작스러운 운영 중단에 대비하기 위해서는, 항공 서비스의 안전성과 규칙성을 보장함과 아울러 항공기 운영 관련 의도적인 교란을 시도하려는 사람들의 의도를 좌절시킬 수 있는 현실적이고 효과적인 완화 전략

을 수립하여 적용할 필요가 있다. 이를 위해, 본 전략상에는 다음과 같이 조합하여 적용할 수 있는 3가지 주요 방안들이 있다:

a) 관성기준시스템[Inertial Reference System : IRS]과 같은 항공기 탑재 장비를 활용;

b) 기존 재래식 항법시스템[Conventional Navigation Aids] 및 레이더 시스템을 활용; 그리고

c) 항공 승무원과 지상관제사를 통한 기존 비행절차 방법을 사용.

7.13.2.2 일부 체약국들은 GNSS 나머지 취약점을 고려하여, GNSS신호 서비스 중단 시 가능한 최대의 정도로 서비스 유지목표를 갖춘 대체적인 위치정보, 항행 및 타이밍[Alternative Position, Navigation and Timing : APNT]에 대한 필요성을 확인하였다. 본 APNT전략이 효과적으로 추진되기 위해서는, 범세계적인 응용 프로그램[Application]이 갖추어져 있어야만 할 뿐만 아니라, 프로그램 구매 비용이 저렴해야만 할 것이다. 아울러, 또한 비교적 짧은 시간 내에 전략을 구현할 수 있어야만 한다. 이는 결국 필요시, 현실적인 진화 경로[Evolution Path]를 정의하는 현재 사용 중인 항공기 탑재용 항법시스템과 지상 항법장비를 활용한다는 것을 의미한다.

7.13.2.3 관성기준시스템[IRS]은 GNSS 시스템 업데이트가 중단된 후 단거리 항로 지역[Short-Term Area]에 대해 항법절차를 제공한다. 많은 항공 운송용 항공기상에는 보다 작은, 지역적인 항공기를 보유한 운영자들에게 보다 저렴한 비용으로 접근할 수 있는 관성기준시스템[IRS]이 장착되어 운영되고 있다. 또한 본 대부분의 시스템들은 거리측정장비[Distance Measuring Equipment : DME]을 통해 업데이트된다. 따라서, APNT전략은 IRS구성품을 포함해 DME 업데이트의 가용성을 포함하는 체계로 고려되어야만 한다.

7.13.2.4 기존 재래식 항법시스템을 통해서만이 GNSS신호 서비스 중단 시 대체 항법 유도신호를 제공할 수가 있다. 거리측정장비[DME]야 말로, 현재 항로 및 터미널 공역의 비행경로 상에 항법신호를 제공하는 다중 센서[Multi-Sensor]로 입력을 제공하고 있기 때문에, 단 중거리[Near-to Mid-Term] 항로상에 항법기반 성능[PBN] 서비스 운영을 이용할 수 있는 가장 적절한 재래식 시스템이다. 또한 VOR/DME시스템은 현재 항로비행을 지원하기 위한 예비시스템으로서의 유용한 신호 서비스를 제공하고 있다. 특히, 활주로로 착륙하는 항

공기에게 정밀 접근 서비스 제공을 대체할 수 있는 가장 적절한 시스템은 계기착륙시스템이다. 위험성 평가를 비롯해, 항공교통량 수준 및 기상적인 조건에 따라, 항공항공서비스[ANS] 제공자에게는 고려중인 지역 내에 위치한 공항에서 기존 계기착륙시스템[ILS]을 통한 운영을 일부 또는 전부를 유지하는 것이 적절한 것으로 비춰질 수도 있다.

7.13.2.5 항공기 승무원 또는 항공관제사 간에 비행절차 방법은 위에서 설명한 절차와 결합 후 다음과 같은 절차를 충분히 고려함으로써, 효과적인 완화전략이 제공될 수 있다:

a) 레이더 가용성을 통한 공역 분리 운영[Airspace Classification and Availability of Radar;
b) 공역 상에서 사용 중인 항공기 항법시스템(고고도 공역 상에서 비행중인 대부분의 항공기상에는 개량된 관성기준시스템[IRS] 그리고/ 또는 DME/DME시스템이 장착되어 운영;
c) 항공기 승무원 및 항공관제사의 과중한 업무량으로 인한 영향 그리고 관제사 의사결정 지원 기구[tTools];
d) GNSS신호 서비스 중단으로 인해 자동종속방송시스템[ADS-B] 또는 자동종속계약시스템[ADS-C] 환경 감시기능에 영향을 미침; 그리고
e) 고려중인 공역 상에서 항공기 경로 간격[Spacing] 그리고/ 또는 분리[Separation]에 대한 증가 필요성을 제공할 수 있는 잠재성, 등.

7.13.2.6 본 섹션에서 확인된 한 가지 또는 그 이상의 방법을 사용하는 효과적인 전략을 채택함으로써, 항공항법서비스[ANS] 제공자는 GNSS 신호 서비스 중단 시의 경우에도 안전한 항공기 운영을 보장할 뿐만 아니라, 외부 신호간섭에 따른 운영 영향을 줄여줌으로써, 의도된 신호간섭 시도를 저지시킬 수가 있게 될 것이다.

7.14 전환계획[Transition Planing]

7.14.1 기존 재래식 항법 기반시설[Conventional Navigation Infrastructure]

7.14.1.1 VOR/DME 및 NDB로 구성되는 현재의 항법시스템들은 VOR과 NDB시설

간에 설정된 항로를 따라 항법 절차 신호를 지원하기 배치되었다.

7.14.1.2 항공교통량이 증가됨에 따라, 새로운 항로상에 비행을 위한 항법절차를 지원하기 위해 추가적인 항법시스템들이 설치되었다. 이로 인해 지상항법시스템 배치 수량은 비균일[Non-Uniform]하게 나타났다. 즉, 일부 지역들에서는 항법시스템의 수량이 과다하게 배치가 이루어지는 반면에 기타 지역에서는 매우 낮은 수량의 항법시스템이 설치되는 결과를 보여 왔다. 그러나 이로 인해, 체약국들이 GNSS 기반 서비스를 시행함에 따라, 후자(항법시스템의 수가 매우 낮게 설치되어 있는 지역)의 경우에, 새로운 재래식 항법시스템이 필요하다는 것을 의미하지는 않는다.

7.14.1.3 체약국들이 GNSS항법시스템을 갖춘 더 많은 항공기를 통해 PBN절차를 이행할 경우엔 항공교통량이 높은 지역들에서 VOR 및 NDB T시스템들은 더 이상 필요치는 않을 것이다. 이와 같은 변화는 기존 재래식 기반시설[Conventional Infrastructure]에 대해 개선을 합리화 할 수 있는 기회를 제공한다.

7.14.1.4 DME 네트워크를 통해 적절한 RNAV 항법 시스템을 장착한 항공기가 RNAV 항로와 절차로 비행할 수 있는 환경이 구축되게 할 것이다. DME는 GNSS신호가 일시적으로 서비스 중지 시에도 계속해서 RNAV운영을 지원하기 위한 장기적인 완화 전략의 일부가 될 가능성이 높다.

7.14.2 기존 재래식 항법시스템에 대한 합리적인 개선방안[Rationalization of Conventional Aids]

7.14.2.1 GNSS를 기반으로 하는 서비스가 구현될 경우에는 기존 재래식 항법 및 레이더 시스템들은 합리적으로 개선하는 기회가 주어지게 될 것이다. 이와 같은 기존 재래식 항법 및 레이더 시스템 등에 대한 합리적인 개선 방안으로서의 전환 속도는 GNSS 항법시스템의 항공기내 장착[Equipage] 정도, 공역 및 절차 개발 및 취약성 위험 평가 등에 따라 좌우되어 나타날 것이다.

7.14.2.2 항공기 시스템 장착[Equipage]은 용량[Capacity]을 포함한 효율성[Efficiency] 및 환경적 이점을 입증하는데 크게 좌우되는 데 반해, 항공항법서비스[ANS] 관련 기반시설[Infrastructure] 비용절감에는 비교적 적게 좌우되어 결국 시스템 수명이 다 되어 교체가 필요할 때 최대가 될 것이다.

7.14.2.3 항공기 항법시스템 장착은 다중 주파수[Multiple Frequency]와 같은 새로운 기능을 도입함과 아울러 새로운 GNSS요소를 추가함으로써 시스템 구현을 위한 단계별 접근방식으로 인해 복잡성이 대두된다. 각 체약국들은 항공항법서비스[ANS] 제공자들과 항공기 운영자들의 관전을 통해 실제적인 달성 가능한 조정된 전략과 계획을 개발하기 위해 운영자들과 긴밀한 협력이 필요하다. 본 프로세서 상에서는 PBN, ADS-B을 충족하기 위한 모든 항법시스템의 요구조건과 기타 운영 시스템의 요구조건 등을 확인하여야 한다.

7.14.2.4 일부 체약국들 또는 지역들 그리고 미래에 어느 시점에서, 공역을 효율적으로 사용이 가능하도록 보장하기 위해 의무적으로 항법시스템을 장착할 필요성이 있을 수 있다. 이와 같은 모든 결정 과정상에는 항공기 운영자들과의 밀접한 조정절차가 필요하다.

7.14.3 향후 재래식 항법기반시설 운영 계획[Future Conventional Infrastructure Planing]

7.14.3.1 일부체약국에서는 초기에 항법시스템 장착과 관련한 합리적인 계획[Rational Plans]과 관련하여, 향후 PBN절차를 통한 항법절차 구현 시, 기존 재래식 항법시스템이 보조 대체장비로써 기능을 수행할 것으로 예상이 됨에 기초하여 "하향식" 과정["Top-Down" Process]으로 운영하는 것으로 결정하였다. PBN절차 구현 시 이로 인한 이점[Benefits]은 원칙적으로 인정은 되지만, 그러나 PBN절차가 공역 용량[Airspace Capacity] 및 효율성 문제를 해결할 수 없을 경우에는 PBN의 완전한 구현을 정당화시키기에는 항상 쉬운 것은 아니다. 따라서, PBN절차가 구현이 되어 있다 하더라도 항법시스템 장착[Avionics Equipage]은 기존 재래식 지상 항법시스템 및 비행경로를 유지할 필요성을 따른다.

7.14.3.2 기존 재래식 지상 항법시스템의 수명 주기가 통상 20~25년으로 끝난 후 발생되는 교체를 피함으로써 가장 큰 경제적 이익이 발생될 수 있다는 점을 고려할 때, "상향식" 과정["Bottom-Up" Process]은 보다 더 적절할 수가 있다.

7.14.3.3 본 "상향식" 과정["Bottom-Up" Process]의 합리화 기회[Rationalization Opportunities]를 식별함과 아울러, 필요한 비행경로 변경[Route Changes]을 평가하고, 제한된[Limited] PBN절차 구현이 기존 재래식 지상항법시스템

을 교체하는 것보다 비용적인 측면에서 더 효율적인지를 확인하는 과정을 통해 수행이 이루어져야만 한다. 본 전략을 통해 완전한 PBN환경으로 공역이 전환되기 시작하기 위한 기폭제로 제공이 되게 할 것이다.

7.14.3.4 현재 많은 공항들에서는 기존 재래식 지상항법시스템을 기반으로 하는 다중계기 접근절차[Multiple Instrument Approach Procedures]를 수립하여 운영하고 있다. 이와 같이 시스템을 통한 모든 절차를 운영하기 위해서는 항공기 승무원과 관제사들을 대상으로 하는 유지보수 및 교육훈련 관련 비용을 발생시킨다. 본 PBN접근 절차를 시행(또는 구현)할 경우는 기존 재래식 지상항법시스템과 관련 절차 등에 대해 지원을 중단하는 기회를 제공하게 될 것이다.

7.14.3.5 현재 활주로로 착륙하는 항공기에게 정밀접근유도정보를 제공하는 지상 항법시스템은 계기착륙시스템[Instrument Landing System : ILS]으로써, 본 시스템은 향후 가까운 미래에는 GNSS기반 접근절차의 예비[Back-Up]용으로서의 역할을 수행하게 될 것이다. 몇몇 국가들에서는 최근에 들어서 계기착륙시스템[ILS]을 교체하기 시작하였으며, 일부 국가들 또한 마이크로웨이브 랜딩 시스템[Microwave Landing System : MLS]를 설치하여 운영 중에 있기도 하다.

7.14.3.6 합리성의 궁극적인 목표[Ultimate Goal of Rationalization]는 가능한 정도로 항공기 운영자들의 기대에 충족이 되도록 운영의 연속성 및 효율성 수준으로 유지할 수 있는 최소한의 기존 재래식 지상항법시스템과 네트워크로 운영을 발전시키기 위한 데 있다.

7.14.3.7 예를 들어, 많은 VOR시설을 설치하여 운영하는 한 체약국에서는 GNSS시스템이 운영 중지 될 경우, VOR 항법시스템을 장착한 항공기를 위한 대체 수단으로써, VOR 지상 항법시스템을 계속 유지하여 운영하는 목표를 전략으로 개발했다.

이로 인해, ILS 또는 VOR접근절차가 수행되는 100NM이내 지역에 위치한 공항을 기준으로 1500m(5,000ft) 이상 고도에서 비행중인 항공기에 대해서는 GNSS유도정보 제공이 이루어지지 않을 것이다(또는 Non-GNSS Guidance을 제공하게 될 것이다). 본 전략으로 인해, 체약국에게는 매우 많은 수량의 VOR시스템을 철거토록 허용하게 될 것이다. 따라서 동시에 DME시설의 성능을 강화시켜 Class A공역 및 주요 공항 주변에서 RNAV절차 운영을 지원하게 될 것이다.

7.14.3.8 ADS-B는 이미 레이더 시스템 설치로 인해 비용이 과다하게 소용되는 지역의 공역에서 레이더 시스템 없는 운영으로 인해 상당한 비용 절감 효과를 제공해 주고 있다. 그러나, 현재 레이더시스템을 통해 관제가 이루어지는 혼잡한 터미널과 항로 공역 상에서의 ADS-B의 구현은 필연적으로 레이더 시스템을 철거하는 결과로 이어지게 하지는 않을 것이다. 일부 체약들에서는 다음과 같은 문제를 다루기 위한 지역들에서의 1차 및 2차 레이더 커버리지가 미래를 예측할 수 있도록 요구될 것이다: 먼저, 항법 및 감시기능의 상실을 초례하게 될 GNSS신호에 대한 간섭; 다음으로 트렌스폰더 또는 ADS-B 시스템이 없이도 항공기를 탐지하기 위한 필요성; 그리고 위협적인 기상변화를 탐지하기 위한 요구조건 등. 그럼에도 불구하고, ADS-B구현을 통해 중복적인 레이더 커버리지로 인해 소요되는 비용을 피할 수 있는 지역에서의 경우에는 운영상의 이점을 제공할 것을 보장한다.

7.14.3.9 체약국들 및 지역들은 기존 및 계획된 항공교통량 수준을 비롯해 항공기 성능, 위협 수준 및 항공기 운영자의 기대치 등에 대한 합리성 및 완화 전략을 조정할 필요성이 있다. 주요 항공사들은 용량[Capacity]에 미치는 영향을 최소화 시키면서 거의 정상에 가까운 서비스를 요구하게 될 것 같다. 일반적으로 시계비행절차[Visual Flight Rules : VFR]에 따라 운항하는 일반 항공 및 헬리콥터 운영자들은 운영 중단을 보다 더 잘 견딜 수가 있다.

7.15 프로그램 및 보안성 문제[Programmatic and Security Issues]

7.15.1 기존 재래식 지상항법시스템의 보안성 책임은 체약국의 당국에게 주어져 있다. GNSS신호가 제공되는 서비스 범위는 수많은 체약국들의 영토를 걸쳐 넓은 면적으로 연장되어 나타나고 있기 때문에, 보안성 문제는 지역적 또는 범세계적인 차원에서 다루어져야만 한다. 민간 항공사가 사용하는 GNSS요소들을 테러 또는 적대행위에 대응하여 보호하는 것이 중요하다.

7.15.2 국제민간항공협약 제89조항에 따라 각 체약국들은 GNSS 및 기존 재래식 지상항법시스템을 통한 서비스 중단 또는 국가 비상사태 발생 시 시스템 성능 저하

에 대한 가능성을 예상하고 있어야만 한다. 체약국들은 또한 국제 분쟁이나 인접 체약국이 국경을 벗어나 서비스가 중단되는 방식으로 GNSS신호를 교란할 경우를 대비하여 비상계획을 갖추고 있어야만 한다. GNSS 보안측면[GNSS Security Aspects]은 일부 체약국들을 통해 다루어지고 있으며, 항공기 운영의 안전성과 효율성을 보호하기 위한 새로운 절차가 수립될 수도 있게 될 것이다.

7.15.3 자원 부족, 발사 실패 또는 예상치 못한 인공위성 장애를 포함하는 프로그래밍 문제는 특정 GNSS기반 서비스를 지원하기 위해 사용할 수 있는 인공위성이 충분치 못하게 할 수가 있다. 제어 부분 장애 또는 인적 요인에 따른 장애는 잠재적으로 단일 인공 위성군[Single Constellation]에 관련된 여러 대의 인공위성에 대해 서비스 장애 및 공통 부문 장애[Common Mode Errors]을 발생시키는 요인이 될 수가 있다. 핵심 인공위성군[Core Satellite Constellations]을 통해 신뢰할 수 있는 서비스를 제공하기 위해서는 강력한 시스템과 자금 투자가 필요하다.

7.16 위성항법시스템에 대한 잠재성 실현[Realizing GNSS Potential]

7.16.1 항공기 운영자들을 비롯해, 체약국 조정자들[Regulators] 및 항공항법서비스[ANS] 제공자들을 통해 GNSS기반 서비스 수용이 널리 퍼지도록 이끌면서, GPS 신호는 1993년 이래로 민간 항공분야에 안전 및 효율성에 따른 이점을 제공해 왔다. 다수의 체약국들은 PBN을 포함한, ADS-B 및 ADS-C 절차를 기반으로 효율성을 높이기 위해 공역을 재정비하기 시작함과 아울러, 안전성을 강화하고 공항 접근성을 개선하기 위한 접근절차를 설계하였다.

7.16.2 항공기가 GNSS 항법시스템[Avionics]을 장착한 비율은 최대 편익을 실현하기 위한 핵심적인 요소 중의 하나에 해당된다. 항로 및 터미널 공역 상에서의 PBN 관련 모든 이점은 사실상 모든 항공기가 GNSS시스템을 장착하느냐에 따라 좌우된다. 항공기 운영자들은 제안된 서비스가 상당한 운영상의 이익과 비용 절감을 보장할 경우에만 항법시스템에 투자하게 될 것이다. 항공항법서비스[ANS] 제공자들과 조정자들[Regulators]은 자신들의 안전성과 비즈니스 사례를 만족시킬 기술적인 해결(또는 해법)과 서비스를 식별하기 위해 항공기 운영자들과

협력해야만 한다.

7.16.3 이상적으로, GNSS시스템은 항공기 운영자들이 기존 재래식 항법시스템과 GNSS항법시스템을 유지하는데 소요되는 자본과 훈련비용을 없애기 위해, 모든 기존 재래식 지상항법시스템이 철거되기를 지원하게 될 것이다. 이것은 결국 또한 항공항법서비스[ANS] 제공자들에게는 비용 절감을 의미하게 되지만, 그러나 GNSS신호에 대한 취약성 문제로 인해, 예측 가능한 미래에 대한 어느 정도 일부의 기존 재래식 항법시스템을 철거하지 않고 보존하는 것을 필요로 한다. 한편 항공항법서비스[ANS] 제공자들은 기존 재래식 항법시스템과의 네트워크를 합리화 시킴으로써 비용을 줄일 수가 있다.

7.16.4 다중 주파수[Multiple Frequencies]로 전송되는 다중 인공위성군[Multiple Constellations]을 통한 가용성[Availability]은 위성항법시스템이 운영되는 시점인 2020년대 이후는 편익 증대로 GNSS신호를 더욱 강화시켜 서비스 확장성이 가능케 할 것이다. 한편, 항공항법서비스[ANS] 제공자들은 차세대 서비스를 계획과는 동안 GNSS서비스 확장과 편익을 위해 항공기 운영자들과 협력할 수 있을 것이다. 국제민간항공기구[ICAO] 산하의 글로벌 항공항법계획[Global Air Navigation Plan : GANP]에 따른 항공시스템 블록 업그레이드[Aviation System Block Upgrade : ASBU]와 PBN 항법개발 계획[Roadmap] 기구에서는 각 체약국들이 글로벌 호환성을 보장하는 동안 자신들의 운영환경에 적응할 수 있는 체계[Framework] 관련 계획을 제공할 것이다.

부록 A

참고 문서 [References]

1. ICAO 관련 간행물[Relevant Publications]

다음은 GNSS 이행과 관련된 ICAO 간행물들에 대해 나열하였다. ICAO 관련 문서별 요약본들[Document Summaries]은 본 기구[ICAO] 관련 출판목록 및 시청각 교육용 자료상에서 확인이 가능하다.

ICAO 의회 결의안[Assembly Resolutions]

A32-19: GNSS 서비스와 관련된 체약국의 권리와 의무에 관한 헌장

A32-20: GNSS 이행을 위한 적절한 장기적인 법률 체계[Legal Framework]에 대한 개발 및 정교화[Elaboration]

A35-15: 전 세계적인 항공교통관리템[Air Traffic Management : ATM] 시스템을 비롯한 항공통신[Communications]. 항공항법[Navigation] 및 항공감시[Surveillance] 시스템 등과 관련된 ICAO의 지속적인 정책 및 이행을 위한 통합(또는 종합) 성명서

A37-11 항법 성능기반[Performance-Based Navigation : PBN] 관련 범세계적인 목표

국제민간항공협약 관련 부속서[Annexes to the Convention on International Civil Aviation]

Annex 2 항공규칙[Rules of the Air]

Annex 4 항공 도표[Aeronautical Charts]

Annex 6 항공기 운영[Operation of Aircraft]

Annex 10 항공통신[Aeronautical Telecommunications], Volume I-무선항법지원 시스템[Radio Navigation Aids]

Annex 11 항공교통서비스[Air Traffic Services]

Annex 14 공항[Aerodromes]

Annex 15 항공정보서비스[Aeronautical Information Services]

문서[Documents]

Doc 4444 항공항법서비스 절차-항공교통관리[Procedures for Air Navigation Services-Air Traffic Management]

Doc 7030 지역별 보완절차[Regional Supplementary Procedures]

Doc 7300 국제민간항공협약[Convention on International Civil Aviation]

Doc 8071 무선항법지원시스템 관련 시험절차 지침서[Manual on Testing of Radio Navigation Aids], Volume II-인공위성 기반 무선항법시스템 관련 시험절차[Testing of Satellite-Based Radio Navigation Systems]

Doc 8126 항공정보서비스 지침서[Aeronautical Information Services Manual]

Doc 8168 항공항법서비스절차-항공기 운영[Aircraft Operations]
Volume I-비행절차[Flight Procedures]
Volume II-시계 및 계기비행절차 구축[Construction of Visual and Instrument Flight Procedures]

Doc 8400 항공항법서비스절차-ICAO 약어 및 코드[Abbreviations and Codes]

Doc 8697 항공도표 지침서

Doc 9161 항공항법서비스 경제학 지침서

Doc 9426 항공교통서비스 계획 지침서

Doc 9613 항법성능기반[PBN] 지침서

Doc 9660 범세계적인 인공위성항법시스템(GNSS) 관련 제공과 운영을 위한 재정적 및 관련 조직 관리측면 보고서

Doc 9674 세계측지좌표시스템 지침서[WGS-84 Manual]

Doc 9689 최소분리[Separation Minima]결정을 위한 공역계획 방법론 지침서

Doc 9718 민간항공용 무선주파수 스펙트럼 관련 기술기준 핸드북 제1권-ICAO 스펙트럼 전략, 정책성명 및 관련 정보

Doc 9734 안전감독 지침서I

Doc 9750 범세계적인 항공항법 계획

Doc 9859 안전관리 지침서[SMM]

Doc 9906 비행절차 설계 관련 품질보증 지침서 제5권-계기비행절차 검증

Doc 10007 제12회 항공항법회의 보고서

2. 기타 간행물

ICAO EB 2011/56 글로벌 인공위성항법시스템 신호 간섭[Interference to Global Navigation Satellite System(GNSS) Signals

국제전기통신 연합[International Telecommunication Union ; [ITU]	무선 법령
ITU-R M.1318-1	1,164~1,215MHz, 1,215~1,300MHz, 1,559~1,610MHz 및 5,010~5,030MHz bands대로 운영되는 무선항법 인공위성 시스템 및 네트워크로 관련 무선항법 인공위성 서비스에서 보다는 기존 아날로그 전파 신호[Radio Sources]로부터 지속으로 나타나는 신호간섭에 대한 평가 모델
ITU-R M.1639-1	1,164~1,215MHz 주파수대의 무선항법인공위성 서비스가 제공되는 우주정거장[Space Stations]으로부터의 방출 집게[Aggregate Emissions]를 통한 항공무선항법서비스[Aeronautical Radio navigation Service]에 대한 보호기준[Protection Criterion]
ITU-R M.1642-2	1,164~1,215MHz 주파수대에서 운영되는 모든 무선항법인공위성 서비스로부터 항공무선항법 서비스국[Service Starion]에 나타나는 최대 등가전력속밀도[Maximum Aggregate Equivalent Power Flux-Density]를 평가하는 방법
ITU-R M.1787-2	1,164~1,215MHz, 1,215~1,300MHz and 1,559~1,610MHz 주파수대에서 동작되는 우주정거장[Space Stations]에서의 기술적인 특성 및 무선항법인공위성서비스(우주공간 대 지구지상 간 및 우주공간 대 우주공간 간) 관련 시스템 및 네트워크에 대한 설명
ITU-R M.1903	1,559~1,610MHz 주파수대에서 동작되는 항공무선항법서비스 관련 수신기와 무선항법인공위성서비스(우주공간 대 지구지상 간) 관련 지상국[Earth Stations]를 통해 수신하기 위한 보호 특성 및 기준

ITU-R M.1905	1,164~1,215MHz 주파수대에서 동작되는 항공무선항법 서비스 관련 수신기와 무선항법인공위성서비스(우주공간 대 지구지상 간) 관련 지상국[Earth Stations]를 통해 수신하기 위한 보호 특성 및 기준
ITU-R M.2030	1,164~1,215MHz, 1,215~1,300MHz, 1,559~1,610MHz 및 5,010~5,030MHz bands대로 운영되는 무선항법 인공위성 시스템 및 네트워크로 관련 무선항법 인공위성 서비스에서 보다는 기존 아날로그 전파 신호[Radio Sources]로부터 나타나는 펄스 신호간섭에 대한 평가 모델
ITU-R SM.1009-1	87~108MHz 주파수대의 음성전송[Sound Broadcast] 서비스와 108~137MHz 주파대의 항공[Aeronautical] 서비스 간의 호환성
RTCA/DO-200A/EUROCAE ED-76	항공 관련 데이터 처리 기준
RTCA/DO-201A/EUROCAE ED-77	항공정보 기준
RTCA/DO-235B	GNSS L1주파수대 관련 무선주파수 간섭 평가
RTCA/DO-292	GNSS L5/E5A 주파수대 관련 무선주파수 간섭 평가
ECC Report 129	GNSS 중계기[Repeaters] 사용에 필요한 기술 및 운영 기준
ECC Report 145	글로벌 위성항법시스템 (GNSS) 중계기[Repeaters] 관련 규제(또는 조정) 기구[Regulatory Framework]
ECC Recommendation (10)02	글로벌 위성항법시스템[GNSS] 중계기 관련 인증제도 구축 방안(GNSS)
IS-GPS-200 GPS	인터페이스 관련 기술 제원

Avionics Standards Documents

Augmentation Systems	United States FAA Technical Standard Order(TSO)	RTCA(EUROCAE) Minimum Operational Performance Standards/Minimum Sviation System Performance Standards (MOPs/MASPs)
ABAS	TSO-C129A Level 2(en-route/terminal) TSO-C129A Levels 1 or 3(NPA) TSO-C196 EASA ETSO-C129c	RTCA/DO-208 EUROCAE ED-72A RTCA/DO-316
SBAS*	TSO-C145 TSO-C146A EASA ETSO-C145c, C146c	RTCA/DO-229D with Change 1 EASA ETSO-C145c, C146c
GBAS	TSO-C161A TSO-C162A	RTCA/DO-245A RTCA/DO-246D RTCA/DO-253C EUROCAE ED-95

* SBAS 항법시스템 기술기준은 ABAS와 모두 부합됨

부록 B

항공항법서비스 제공자 및 규제(또는 조정자)의 역할 [Roles of ANS Providers and Regulators]

Global Navigation Satellite System(GNSS) Manual

Air Navigation Service Provider	Regulator
시스템 성능요건을 정의하여 구축을 제안하는 제안된 GNSS기반 서비스를 위한 항공기 운영자들의 목표와 관련하여 미팅을 목표로 하는 운영개념[Concept of Operations : CONOPS]에 대한 개발 주도.	새로운 요구조건 또는 수정된 규정을 확인하기 위해 운영개념[CONOPS] 개발에 참여.
자체 GNSS기반 서비스 보호 관련 안전관리 계획에 대한 개발 및 준수.	서비스 제공자의 GNSS 기반 서비스에 대한 안전감독 실시.
운영개념[CONOPS]을 승인하기 위한 시험을 포함한 시뮬레이션 및 연구 등에 대한 완료.	연구결론에 기초한 운영 승인을 위한 서비스 제공자의 권고사항을 고려.
항공기 운영자 및 조정자[Regulator]에게 GNSS 기반 서비스제공을 위한 조정.	• 상업 및 사업용 항공기 운영자 관련 GNSS 항법시스템 사용을 위한 항공기 승무원 훈련 및 인증 표준 개발 • 상업용 및 사업용 항공기 운영자 관련 GNSS 운영 사용 승인. • GNSS 운영 관련 승인을 위한 안내절차 자료 및 과정 개발. • 특정 운영자 관련 항공기 승무원 훈련 및 인증 등 승인을 위한 요구사항 수립.
항공기 운영자가 GNSS기반 서비스용 항법시스템 구매 시 정보에 입각하여 결정하도록 지원.	• 국적항공기의 GNSS 항법시스템 관련 인증 및 설치를 위한 국가표준 및 안내자료 개발. 필요한 경우, 표준 및 안내서 개발은 노력의 중복을 피하고, 조화를 극대화시키기 위해 기타 다른 감항성 관련 당국과의 공동 협조체제를 구축하여 수행할 수도 있음. • 국가적으로 GNSS항법시스템 장비를 설계 및 제작한 경우를 포함해 국가적으로 등록된 항공기에 GNSS시스템을 설치한 경우 등 이와 관련하여 장비의 인증 승인 또는 감독. • GNSS 항법시스템 설치 관련 안내서 및 승인과정 개발. • 항공기 비행매뉴얼 관련 보완[Supplements] 규정을 포함한 장비 설치기준 확인.

Air Navigation Service Provider	Regulator
항공기 운영자와 서비스 제공자 간에 의사 결정을 지원하기 위한 GNSS기반 서비스 관련 사업사례에 대한 개발과정 조정.	
GNSS기반 관련시설 설치를 포함한 GNSS 운영중단에 따른 완화 대책 및 가능한 경우, 기존 재래식 지상항법시스템 철거 등에 대한 적절한 전략 수립. 본 업무상에는 계약자의 안전감독 책임이 포함됨.	안전측면에 따른 완화전략 검증 또는 승인.
조사방법론 개발 및 WGS-84표준이행에 대한 조정.	
GNSS기반 운영 관련 정확성 및 무결성 요구조건에 부합시키기 위한 데이터 처리 및 과정에 대한 개발 및 구현.	
GNSS 기반 운영을 지원하기 위한 상태감시, 공지 및 NOTAM 시스템 개발.	
• 계기접근절차 및 기타 GNSS기반 절차 발간 • 데이터제이스 공급자 및 비행챠트 제작자들을 대상으로 한 GNSS절차 관련 항공정보자료 제공	• GNSS기반 계기접근절차 관련 설계기준 개발을 포함한 기존 항공항법서비스 관련 절차-항공기 운영[PANS-OPS] 또는 기타 공인된 기준[Recognized Criteria]에 대한 사용 승인. • GNSS기반 시스템과 관련된 공역절차 등에 대한 인증 및 감독.
비행점검 요건 및 절차 수립. GNSS기반 운영 관련 필요한 비행점검 수행 및 필요한 시스템 구입.	
GNSS 시스템 성능 감시 및 기록.	
항공기 승무원 및 항공교통서비스분야 종사자 등을 대상으로 한 훈련지원을 위한 GNSS기반 서비스의 운영 및 사용법과 관련된 안내서 및 교육훈련용 교재 개발 및 발간.	• 체약국별 항공정보 간행물[AIP], 항공정보회람[AICs] 및 권고 회람[Advisory Circulars] 등을 통한 GNSS사용 승인 관련 용어[Terms] 및 조건[Conditions] 등 정보자료를 게시. • GNSS기반 서비스 사용 관련 비행교관용 지침서 및 비행훈련 기준자료 개발.
항공기 분리기준 적용을 포함한 항공교통서비스[ATS] 요건, 공역 및 절차 규정 정의.	
• 절차 설계자 및 항공교통서비스 종사자를 대상으로 한 교육 및 인증 관련 요구사항 수립. • GNSS기반 운영을 지원하기 위한 항공교통서비스 종사자를 대상으로 한 훈련 시행.	교육 및 인증 관련 요구사항 승인.
GNSS기반 관련 시설을 위한 기술사양 개발.	

Air Navigation Service Provider	Regulator
GNSS보정시스템 구매, 현장 배치 및 SARPs 기준에 준하는 시스템 성능 검증, 승인[Validate].	GNSS기반 인프라 시설 구현에 따른 안전감독 수행.
GNSS와 관련된 주파수 관리 문제[Spectrum Management Issues] 확인.	GNSS 주파수 보호를 위한 주파수 관리 제공.
위협 요인 감시를 비롯해 위험성 평가 및 실행 가능한 무선주파수 간섭[Radio Frequency Interference : RFI] 또는 대기영향[Atmospheric]에 따른 GNSS 취약성에 대한 완화 대책 수립.	GNSS 주파수 대역을 통한 전송을 적절히 조절[Regulate]함과 아울러 필요한 경우, 규정 준수를 이행함으로써, 무선 주파수 간섭[RFI]에 따른 완화 활동, 특히 전기통신 또는 기타 당국 및 조직과의 협조체계[Interfacing]를 통해 조정[Regulatory]지원 제공.

부록 C

GNSS Spectrum

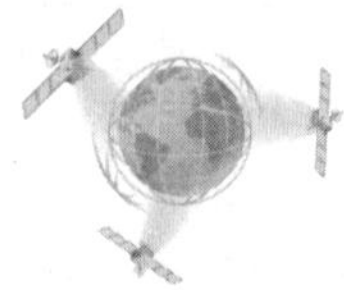

Figure C-1. 주파수 할당[Frequency Allocations] in the 1,559 to 1,610MHz Band

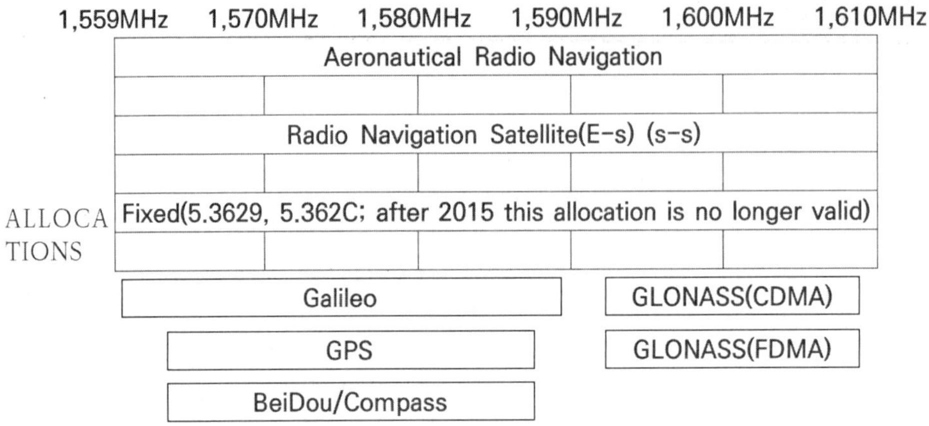

Note. Services in Uppercase are Primary Services; Services in Lowercase are Secondary Services.

Figure C-2. Frequencies Used by Core Constellations

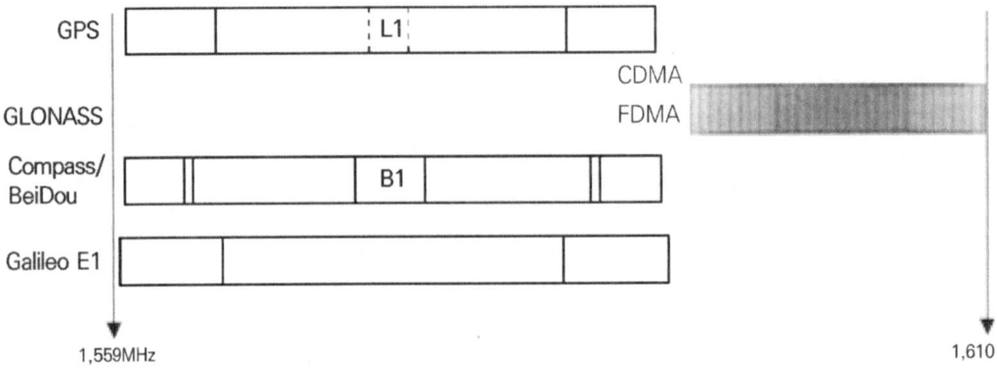

Note. Additional Frequencies are Used by Core Constellations in the 1,164 to 1,215MHz Band (see Chapter 6, 6.5). ICAO Standardization of the Relevant Signals is Underway.

부록 D

Navigation Roadmap

Global Navigation Satellite System(GNSS) Manual

Figure D-1. Navigation Roadmap

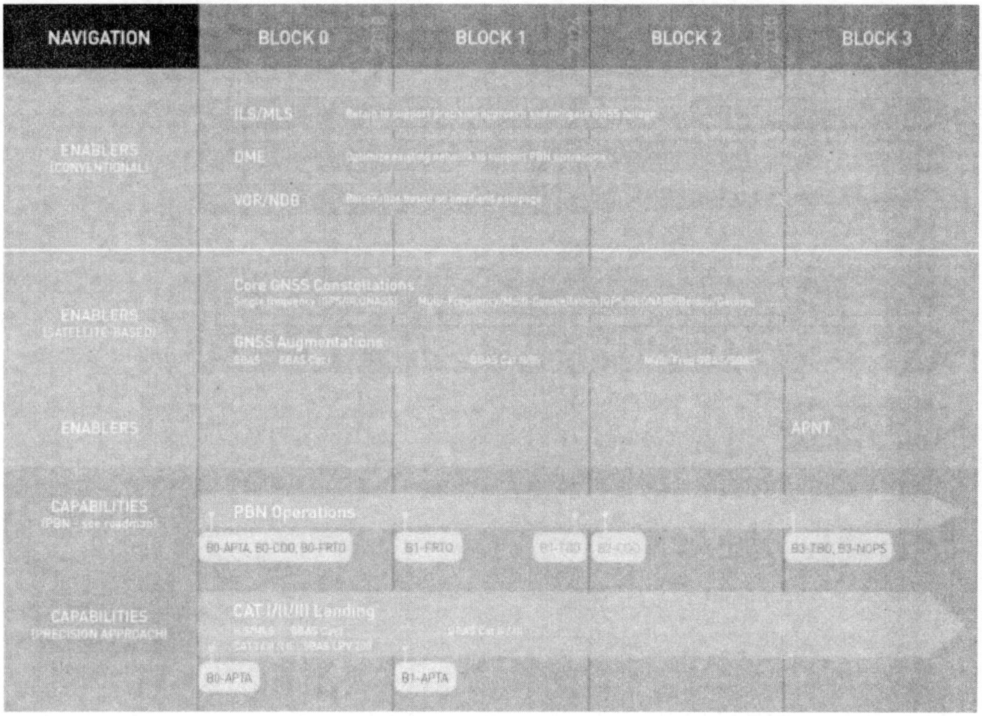

부록 E

PBN Roadmap

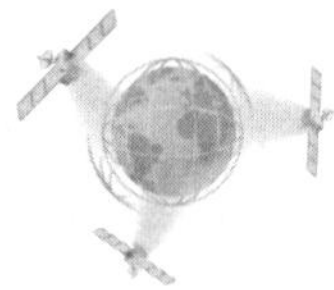

Figure E-1. PBN Roadmap

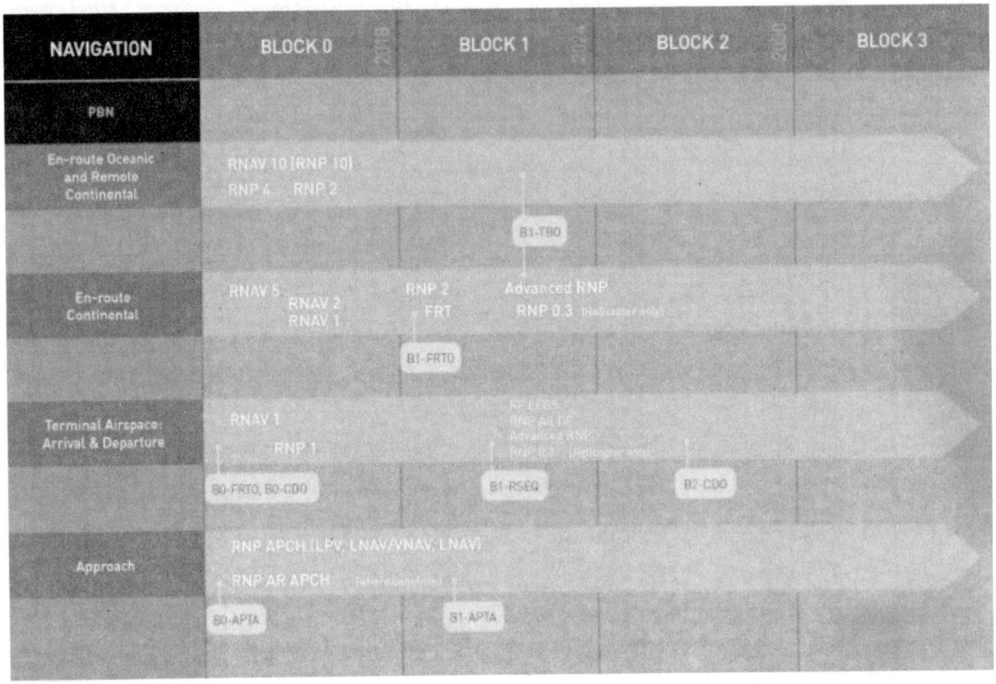

부록 F

GNSS Radio Frequency Interference Mitigation Plan

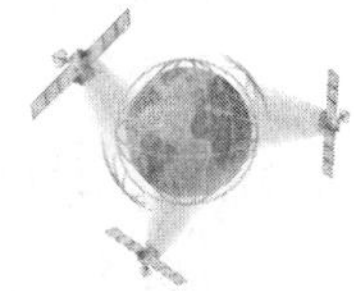

Global Navigation Satellite System(GNSS) Manual

1. 소 개 [Introduction]

1.1 본 매뉴얼의 제5장에서 논의된 것과 같은 GNSS취약성 관련 우려는 각 체약국들에게 다음과 같은 권고안을 승인하였던 2012년 제12차 항공항법회의 결과보고서 [Doc 1007] 상에서와 같이 재 강조되었다.

권고사항 6/8-글로벌 인공위성항법시스템 취약성 관련 완화[Mitigation] 계획

관련 각 체약국들은:

a) 자국 공역 상에서 글로벌 인공위성항법시스템 취약성과 관련하여 발생 가능성 및 영향에 대해 평가하고, 필요에 따라, 인정되는 사용 가능한 완화 방법들[Mitigation Methods]을 적용할 것;

b) GNSS주파수 신호에 대한 의도치 않은 간섭 또는 성능 저하 가능성을 저감시키기 위해 글로벌 인공위성항법시스템[GNSS] 주파수에 대한 효과적인 주파수 관리 및 보호 대책을 수립하여 제공할 것;

c) 국제민간항공 운영에 영향을 미칠 수 있는 글로벌 인공위성항법시스템에 유해한 신호 간섭 사례를 ICAO에 보고할 것;

d) 글로벌 인공위성항법시스템 관련 중계기[Repeaters]를 포함한 의사 인공위성[Pseudolites], 신호 도용기[Spoofers] 및 신호 방해 장치[Jammers] 등에 대한 사용을 관리하는 강력한 조정 기구[Regulatory Framework]을 개발하여 시행할 것;

1.2 본 부록 상에는 위 권고사항 a) 및 b) 조항에 명시된 기준에 부합되도록 지원하는 GNSS 무선주파수 간섭[RFI] 완화 계획에 따른 개발 관련 체약국의 항공 및 전기통신 당국 등과 같은 항공항법서비스[ANS] 제공자 및 조직을 위한 지침자료가 포함되어 있다. 완화 계획에 대한 개발 목적은 무선 주파수 간섭[RFI] 위험의 경우 GNSS기반 운영기 구현된 곳에서는 운영상의 이점을 완전히 실현하기 위해 항공항

법서비스[ANS]제공자의 책임이 일관되게 실행 가능한 만큼 크게 줄일 수 있게 된다는 확신을 주는 조치 목록에 대한 구현을 보장해 주기 위한 데 있다.

1.3 위 권고사항 c) 조항 관련 신호 간섭 보고에 대한 지침은 본 부록의 첨부 상에 명시되어 있다.

1.4 위 권고사항 d) 조항 기준에 준수되도록 지원하는 조정기구[Regulatory Framework] 개발 관련 초기 지침자료는 글로벌 인공위성항법시스템[GNSS] 신호 간섭 관련 ICAO 전자게시판 EB 2011/56 및 본 매뉴얼 Section 5.4조항에 명시되어 있다.

Note 1. 본 부록상에는 우주공간에서의 날씨 영향과 같은 "자연적"인 무선전파 간섭[RFI]이 아닌 "인위적"인 무선전파 간섭에 기인하는 GNSS 관련 취약성만을 다루고 있다. 또한, 네트워크를 포함한 소프트웨어 기반 위협, 또는 무선 전파를 사용치 않고 수행되는 기타 형태를 통한 위협은 다루지 않는다.

Note 2. 국제적인 무선주파수 간섭은 일반적으로 사이버 보안 활동의 범위내에 있는 것으로 간주되고 있다.

ICAO Annex 17-보안-불법 간섭 행위에 대응하는 국제민간항공 차원의 보호 규정상에는 보안문제에 대한 추가 지침이 명시되어 있다.

2. 무선 주파수 간섭[RFI]이 항공기 운영(또는 운항) 미치는 영향[Impact]

2.1 항공기 탑재수신기(또는 항법시스템) 통합에 따라, 무선주파수간섭{RFI}이 항공기 수신기와 조종석 탑재장비[Cockpit Displays]상에 미치는 영향은 다를 수 있다. 일반적으로, 무선주파수간섭[RFI]로 인해 먼저 반송파대 잡음밀도 비율[Carrier-to-Noise Density Ratio : C/No]의 감소를 유발시키게 될 것이며, 아울러 이로 인해, 부수적으로, 비행중인 항공기상에서 위치 정보는 구분이 되지 않을 정도의 작은 오차를 발생시킬 수 있게 할 수도 있다. 만약 무선주파수간섭[RFI]이 너무 강하게 발생될 경우에는, 항공기 탑재수신기가 위치 정보[position]를 계기산하기 위해 충분한 수의 인공위성에 대한 추적이 불가능할 수가 있다. 특히 통합된 항법시스템 컴퓨터 경우의 하에서는, 일반적으로 조종석에서의 위치정보갱신[update]이 즉시 손실[lose]로 이어지지는 않게 될 것이다.

2.2 조종석 탑재장비[Cockpit Displays]상에 알려진 대로, 의심되는 무선주파수간섭[RFI]에 따른 보고된 영향 사례들의 경우 아래에 열거된 항목 중 일부에서는 동시에 발생될 수도 있다:

a) GPS 1 무효[Invalid]/GPS 2 무효[Invalid];

b) 성능이 저하된 PBN 절차;

c) 관성기준시스템[Inertial Reference Mode : IRS] 또는 VOR/DME 등과 같은 시스템으로 항법 모드를 전환;

d) 항공기 탑재장비 관련 항법 지시기[Navigation Display] 상에서의 지도 변경 ["Map Shift"]상태 주시;

e) 고도화된 지상근접경고 경보 기능 시스템[Enhanced Ground Proximity Warning Alerts] 사용;

f) 자동종시스템[Automatic Dependent Surveillance : ADS] 관련 보고기능에 대한 지속적인 손실; 그리고

g) GNSS기반 항공기 활주로 착륙능력 상실.

2.3 본 항목들은 GNSS 수신기 데이터[위치. 속도 및 시간]가 어떻게 추가적인 항법시스템 기능과 통합이 되느냐에 따라 추가적인 영향이 있을 수 있기 때문에 완전하지가 않다. 그러나, 일반적인 어떤 추가적인 조종석 효과[Cockpit Effects]는 항상 항법 성능과 관련된 메시지를 통해 수반되어야만 한다. 특히, 조종석 효과가 일시적인 본능[Transient Nature]일 때, 장비 오동작 관련 경보[Annunciations]는 유사할 것이다.

2.4 항공기 항법시스템이 GNSS 운영중지와 관련된 무선주파수간섭[RFI]에 따른 영향으로부터 얼마나 신속하게 복구될 것인가는 각각의 개별 수신기가 어떻게 구성[Architecture]에 달려있다. 조종사는 GNSS운영 중지가 바로 무선주파수간섭[RFI]에 의한 것이라는 것을 이해하고 있어야만 함은 물론 이와 같은 상황에 대비해 항상 대체 항법시스템을 통한 대체 비행항법절차를 준비하고 있어야만 한다. 조종사는 Section 7.12조항에 따라, GNSS 운영 중지와 관련된 무선주파수간섭[RFI]에 의한 피해 경험 사례를 보고하도록 권장하여야 한다.

2.5 항공기 운영에 따른 직접적인 영향 외에도, GNSS 보정시스템의 기준 수신기[Reference Receivers of Augmentation Systems] 또는 동기화[Synchronization] 및 시간 분배[Time Distribution]를 위해 사용되는 타이밍 수신기[Timing Receivers] 등을 포함하는 항공통신, 항공항법, 항공감시/ 항공교통관리[CNS/ATM] 시스템 등에 의한 간접적인 영향이 있을 수 있다.

3. 무선 전파간섭의 정의[Definition of RFI]

3.1 국제전기통신연합[International Telecommunication Union : ITU] 관련 무선법령[Radio Regulations] 상에는 다음과 같이 신호 간섭 및 유해성[Interference and Harmful Interference]에 대해 정의되어 된다:

1.166 일반적인 간섭[Interference]: 본 용어의 정의는 원치 않는 에너지가 부재한 상태 하에서 추출될 수 있는 어떤 성능 저하[Performance Degradation], 오역[Misinterpretation] 또는 정보 손실[Loss of Information] 등이 무선통시 시스템 상에 수신됨에 따라 송신[Emissions], 방사[Radiations] 또는 유도 등과 관련하여 하나 또는 그 이상의 증상들이 조합됨으로 인해 발생된 결과를 의미한다.

1.169 유해성 간섭[Harmful Interference]: 본 용어의 정의는 무선항법 서비스[Radio Navigation Service]를 포함한 기타 안전 서비스, 심각한 성능 저하, 방해[Obstructs] 등으로 위태롭게[Endangers] 하거나, 또는 무선 법령[Radio Regulations]에 따른 운영 중인 무선통신 서비스를 반복적으로 중단[Interrupts]케 하는 간섭을 의미한다.

3.2 무섭 법령[Radio Regulations]상에는 일반적인 간섭[Interference in General]과 유해성 간섭[Harmful Interference]으로 구분하여 명시되어 있다. 여기에서 "유해성 간섭"이란 무선항법 및 안전서비스에 적용되는 경우와 모든 다른 무선서비스에 적용되는 경우 등으로 분류된다. 전자의 경우, 기능상의 위험은 유해한 간섭[Harmful Interference]을 식별하기 위한 데는 충분한 반면에, 후자의 경우에는 심각한 성능 저하[Serious Degradation]를 비롯해 방해[Obstruction] 또는 반복된 중단[Repeated Interruption] 등과 같은 더 높은 수준의 교란[Higher Level of Disturbance]이 요구된다.

3.3 GNSS는 무선인공위성항법서비스[RNSS] 할당1[Allocation[1]]을 통해 운영된다. GNSS의 다양한 속성[Multimodal Nature]에 따라, GNSS가 지원하는 모든 애플리케이션이 안전한 것은 아니다. 그러나 안전에 적용이 되도록 권고된 Annex 10

1) ITU-R 관련 권고사항 M.1903 및 M.1905 조항에는 GNSS 주파수인 1,559~1,610MHz 및 1,164~1,215MHz 대와 관련된 각각의 문제에 대한 심도 있는 안내정보가 명시되어 있다. 또한 ITU-R 관련 권고사항 M.1318-1, M.1639-1, M.1642-2, M.1787-2 및 M.2030 조항에는 부가적인 상세하고 호환성을 갖는 평가 기준이 명시되어 있다.

상의 기술 기준에 준하여, GNSS을 지원하는 항공기의 이익과 안전 운영(또는 운항)을 목적으로 하고 있다.

3.4 여러 항공 서비스 또는 항공을 목적으로 사용 중인 서비스 간의 호환성을 고려할 때, 국제전기통신연합[International Telecommunication Union : ITU] 조항은 GNSS와 DME시스템을 통해 사용이 공유되어 있는 1,164~1,215MHz 주파수대역의 경우와 같이 각 서비스의 우선 순위를 결정할 수가 있다. 즉, DME는 GNSS보다 중요성이 우선하므로, 따라서 GNSS는 DME를 통해 발생될 수 있는 간섭에 대해 보호를 제기할 수 없을 수도 있다. 1,164~1,215MHz 주파수대의 GNSS신호를 사용하는 Pulse Blanking과 같은 특정 완화 조치가 필요할 수 있는 적절한 표준에 부합되는 수신기를 보장하게 될 항공[Aviation]을 통한 주파수 스펙트럼 계획의 경우에는 DME로부터 간섭을 받는 동안에도 운영이 가능할 수 있다.

3.5 항공인증 시스템의 다양성은 특정 수신기가 한 가지 유형의 간섭과 다른 유형의 간섭을 갖춘 문제를 갖고 있지 않을 수 있음을 의미한다. 이와 같은 문제점을 피하기 위한 유일한 방법은 최소의 장비 성능기준[Minimum Equipment Performance Standards]에 간섭 정의[Interference Definition]를 하나로 합쳐서[Tie] 대응하는 것이다. 또 다른 측면은 항공안전여유[Aviation Safety Margin[2)]]로써, 항공안전 여유 침해[Infringement of the Aviation Safety Margin]는 완화 조치[Mitigating Actions]가 필요한 이벤트로 고려되어야 한다. GNSS관련 안전여유 적용 정책[Application of the Safety Margin]은 ICAO 스펙트럼 전략, 정책 설명 관련 정보[Doc 9118]의 Volume I, 민간항공을 위한무선주파수 스펙트럼 요건 관련 핸드북 상에 수록되어 있다.

3.6 신호 간섭 발생 시 최소 시스템 성능 기준[Minimum Equipment Performance Standards]은 Annex 10, Volume I Chapter 3, 3.7.4.1조항에 명시되어 있다. GNSS시스템은 Appendix B, 3.7에 명시된 대로, 연속파[Continuous Wave : CW], 대역 제한 유사 간섭[Band-Limited Noise-like Interference] 및 펄스 간

2) 항공안전 관련 프로그램[Applications]은 악조건 사례 하에서의 간섭 영향을 통해서는 계속적인 운영이 요구됨으로 인해, 유해한 간섭을 유발하는 모든 요소들은 이와 같은 애플리케이션을 포함하는 분석 절차에서 고려되어져야만 한다. 항공안전 한계점[Margin]은 서로 다른 변조 방식에 따른 영향과 같은 예측할 수 없는 요소로 인한 위험을 다루기 위해 포함된다. 본 한계점[Margin]은 필요한 수준으로 운영 관련 보장을 높이기 위해 시스템 보호 기준에 적용된다. 전통적으로, 항공 관련 시스템/시나리오의 경우, 항공 안전 한계점[Margin]은 6~10dB로 적용된다.

섭[Pulsed Interference]에 따른 신호간섭 임계값[Interference Thresholds ("masks")]을 규정하는 신호간섭 환경[Interference Environment] 발생 시 적용될 수 있는 성능 요건[Applicable Performance Requirements]을 준수토록 요구된다. 일부 항공기의 수신기는 Annex 10에 명시된 기준치를 초과하는 간섭 신호가 발생될 경에도 계속 운영이 가능할 수가 있다.

3.7 결과적으로, 항공서비스를 위한 GNSS 무선주파수 간섭[RFI] 완화 목적을 위해서 적절한 안전 한계치[Safety Margin]로 강화된 Annex 10 간섭 임계치[Interference Thresholds]는 무선주파수 간섭[RFI] 요구사항으로 간주되는 것을 정의하는데 사용되어야만 할 것이다. Annex 10 기준이 현재대로 1,559~1,610MHz 주파수대에서 만이 정의되는 동안 본 정의들은 ICAO SARPs이 1,164~1,215MHz 주파수대가 도입되도록 적용될 시에 확장될 것이다.

3.8 실제 무선주파수 간섭[RFI]신호가 일부 측정될 경우 연속파형, 대역 제한 유사 노이즈[CW, Band-Limited Noise-Like] 또는 펄스 등에 대한 간섭 한계치[Interference Mask] 적용은 어려울 수가 있다. 이 같은 경우, 연속파형 한계치[CW Masks]는 요구사항이 가장 많기 때문이 적용되어야만 할 것이다. 이에 대한 근거는 접할 수 있는 모든 형태의 변조에 대한 기준을 정의할 수는 없다는데 있다. 이 같은 원칙에 대한 예외 상에는 GNSS관련 확산코드[Spreading Codes]와 상호 작용[Interact] 할 수 있음으로써, 특별한 고려가 요구될 수 있는 코드 분할 다중접속[Code-Division-Multiple-Access : CDMA] 방식에 따른 간섭 신호들[Interference Signals]이 이에 해당된다.

3.9 L1주파수대 관련 Annex 10에 명시된 간섭기준[Interference Criteria]이 "합리적으로 달성이 가능한" 스펙트럼 환경으로 간주될 수 있는 곳으로 평가되는 RTCD/DO-235B 기준과 상호 일치된다는 데 대해 주목해야만 한다. 본 자료는 무선주파수 간섭[RFI]과 접할 수 있는 각본[Scenarios]을 설명하고 송수신기 간에 필요한 분리거리[Separation Distances]를 분석하는데 유용하다. 이와 유사한 평가는 L5 주파수(RTCA/DO-292) 기준을 이용할 수 있다.

3.10 마지막으로, 간섭과 스푸핑[Spoofing]은 구분이 되어 평가되어야만 한다. 간섭이 가상되도록 특별히 설계되지 않은 산호에 의한 원인으로 이해가 되는 동안에는 조작된 정보[Misleading Information] 대신에 단지 서비스 중단을 야기하게 되므

로, GNSS Spoofing은 가상 정보를 생성하도록 설계된 위조 신호[Counterfeit Signals]를 사용한다. 설계를 통한 Spoofing신호가 원하는 GNSS 신호처럼 보이기 때문에 본 신호들은 간섭 한계치[Interference Mask] 보다 훨씬 낮은 레벨에서 GNSS수신기 상에 문제를 야기시키게 할 수가 있다. 참고로, 본 부록 상에서는 GNSS Spoofing관련 완화절차는 다루지 않고 있다.

4. 무선주파수 간섭 관련 위협요인 분류[Classfication of RFI Threats]

4.1 의도치 않는 무선주파수 간섭[Unintentional RFI]

4.1.1 의도치 않는 무선주파수 간섭[RFI]은 가끔 시스템 오동작으로 인해 비롯된다. 본 의도치 않는 무선주파수간섭[RFI]은 전력선으로부터의 송신을 비롯해 산업 관련 주물주조공장[Foundries] 또는 텔레비전 방속국과 같은 많은 장소로부터 비롯될 수도 있다. 이와 같은 무선주파수 간섭[RFI]은 제어하기가 어려워 항공분야에서는 가끔 발생하게 될 장애를 다루기 위한 준비가 필요하게 될 것이다. 특히 본 간섭에 세력[Power]과 관련 영향반경[Related Impact Radius]은 의미심장할 수가 있기 때문에 특별한 관심이 요구된다. 특별 관심[Particular Concern]과 관련된 한 가지 예로서는 1,559~1,610MHz 및 1,164~1,215MHz 주파수대 모두 해당될 수 있는 고조파를 가진 UHF 주파수대인 텔레비전 채널 S32가 이에 해당된다. 다행이도 본 관심[Concern]은 세계F 대부분 지역의 채널로 운영되는 텔레비전 방송국 그 어디에도 나타나지는 않고 있다. 본 텔레비전 방송 채널은 대부분 정부/공공 안전지상파로 묶여진 무선[Terrestrial Trunked Radio : TETRA] 통신 시스템을 통해 사용이 되어 지고 있다.

4.1.2 의도치 않는 무선주파수 간섭[RFI] 관련 핵심적인 완화 조치는 무선주파수 간섭[RFI]이 효율적으로 감지되어 제거될 수 있도록 보장하기 위한데 있다. 최근 수년에 걸친 경험에 의하면, 의도치 않는 무선주파수 간섭[RFI]은 큰 문제로 이어져 오지는 않았다. 이와 같은 경우들을 제한하는데 도움이 될 수 있는 것은 특정 시간 동안에는 광범위하게 GPS를 통한 항공정보를 사용치 않는 것이다. 방송국은 흔히 GPS시간 사용을 통해 기타 많은 활동을 한다; 그러므로 비항공 GNSS 서비스의 중단을 야기하는 GNSS주파수대에서 의도치 않는 신호방출을 일으키는 필토 오동작과 같은 어떤 장애에 대해서도 관련 주체의 관심을 통해 신속하게 탐지되어 해결된다. 그러나, 여러 가지 사례가 기록되어 왔으며, 특히 만약 무선주

파수 간섭[RFI]이 간헐적으로 발생되거나 또는 상대적으로 세력[Power]이 약할 경우에 자체적인 해결방법은 때때로 어려울 수가 있다.

4.1.3 항공운영 관련 잠재적인 위험으로 인해, 항공항법서비스[ANS]제공자로 하여금 효율적인 무선주파수 간섭[RFI] 발생 위치 확보가 가능하도록 적절한 지상의 항공기 측정 능력에 접근할 수 있도록 지원할 필요성이 남아 있다. 이 같은 능력[Capabilities]은 체약국의 항공관련 전기통신 당국 또는 기타 기관(또는 조직)을 통해 제공될 수도 있다.

4.2 비항공 분야를 대상으로 하는 의도된 무선 주파수 간섭[Intentional RFI, not Directed at Aviation]

4.2.1 GNSS를 다중모드[Multi-Mode]도 사용될 경우, 의도된 무선주파수 간섭[RFI]은 본 RFI의 공격의 의도된 피해 대상이 항공 또는 또 다른 사용자 이든 간에 따라, 더 넓게 분류될 수 있다. 그럼에도 불구하고, 비항공분야 GNSS사용자를 조준 대상[Targeting]으로 하는 의도된 RFI는 항공 분야에 피해를 미치기 할 수도 있다. 이와 같은 경우, RFI자체가 의도적인 동안, 항공분야는 어떤 부수적인 영향은 발생되지 않는다. 이와 같은 유형의 RFI를 유발시키는 가장 대중화된 장치는 소위 개인 사생활 장치[Personal Privacy Devices : PPD]이다. 대부분의 체약국들은 국내 시장 판매용 장치에 대한 제조(또는 생산)를 금지하고 있다. 유럽에서는 유럽 연합의 입법절차를 통해 장치 자체를 불법으로 선언하여 왔다. 이와 유사한 제정 헌법[Legislation]은 대부분의 다른 지역에서도 존재하고 있다. 이와 같은 제정 헌법에도 불구하고, 일반적으로 이러한 장치의 판매가 지속될 수 있도록 수출 및 소유하기 위한 다른 기타 장애물은 거의 존재하지 않고 있다. 이들 장치는 통상 인터넷 메일을 통한 주문으로 구입이 가능하며, 이들 장치는 어떤 GNSS 주파수대로도 동작이 이루어지고 있다. 이런 장치의 존재 결과로 인해 이전에는 약간의 전문지식이 필요해야만 했던 이와 같은 종류의 RFI가 나타나는 동안에도 이제는 전문 지식이 없이도 사용이 가능해지게 되었다.

4.2.2 신호간섭 발생되는 동기는 매우 다양하다. 이와 같은 가장 흔한 경우들은 GPS를 기반으로 하는 차량추적시스템[Fleet Tracking System]을 장착한 회사 차량들의 직업 운전기사들과 관련이 되어 있는 것으로 나타나고 있다. 여기에는 행정적인 서비스가 포함될 수 있다. 즉, 차량추적시스템을 통해 지속적인 감시를 받길

원치 않는 운전자들은 GNSS교란장치[Jammer]를 사용함으로써, 시스템을 비활성화 시키게 할 수도 있다. 적절한 위치 사생활 법률(또는 보호법) 제공은 GNSS 기능이 장착된 발목간섭 동기를 줄이는데 기여할 수도 있다. 기타 사례 상에는 차량추정시스템을 방해하는 차량 절도들과 GNSS신호 추적이 가능한 발목 팔찌를 장착토록 명령을 받은 가석방 중인 범죄자들이 포함된다.

4.2.3 개인 사생활용 장치[Personal Privacy Device : PPD] 사용을 통해 동기를 부여할 수 있는 다른 잠재적인 요인에는 GNSS를 기반으로 한 통행료 및 측정거리에 따른 자동차 보험료 등이 포함된다. 보다 더 일반적으로, 현재의 GNSS보편성[Ubiquity]은 이와 같은 애플리케이션을 비활성화 시킬 수 있는 무선주파수 간섭[RFI]을 생성하도록 새로운 동기를 창출케 하는 GNSS기반 애플리케이션에 대한 지속적인 개발로 이어져 왔다.

4.2.4 그 동안 여러 가지 수많은 사례에서 볼 때, 간섭목적[Interference Objective]이 성공되는 것을 차단되게 하기 위한 단순한 설계상의 문제일 수는 있으나, 이와 같은 것이 모든 경우에 대해 다 보장이 되지는 않는다. 예를 들어, 트럭은 GPS 입력신호를 기반으로 하는 위치 정보를 확인하기 위해 간단한 통합 로직 회로가 사용될 수 있도록 통상 휠 속도 센서에 연결된 주행기록 장치[Trip Recorders]를 장착할 수 있다. 이와 같은 접근방식은 전문적이고 규제된 애플리케이션 하에서는 동작이 아주 잘 되겠지만, 그러나 순수하게 상업적으로 주도되거나 또는 대중적인 시장을 지향하는 애플리케이션 하에서는 더 어렵다.

4.2.5 궁극적으로, RFI가 항공분야에 미치는 부수적인 영향을 제한시키는 데 가장 효과적인(또는 도움이 되는) 것은 만약 RFI로 인해 과도한 문제로 야기될 경우, RFI를 통한 비항공 서비스를 대상으로 한 목적은 결국 성공될 수 없는 것으로써, 따라서 RFI를 만들기 위한 동기를 감소시키는 조치를 취하게 될 것이다. 그럼에도 불구하고, 최근의 측정 캠페인[measurement Campaigns]을 바탕으로, 개인 사생활 장치[Personal Privacy Device : PPD] 및 기타 교란장치[Jamming Devices]들은 계속해서 운영이 지속되고 있으므로 본 장치들은 사라지지는 않을 것으로 예상된다. 더구나, 이와 같은 장치에 의한 영향은 또한 1,164~1,215MHz 주파수대를 포함하는[Covering] 다중주파수대[Multi-Frequency]로 운영되는 개인 사생활용 장치[PPD]가 이미 사용이 가능하므로, 1,559~1,610MHz 주파수대에만 국한되지는 않고 있다.

4.2.6 이 같은 장치들의 확실한 수준이 허용될 필요가 있을 것으로 주어질 경우, 핵심적인 질문은 자신들의 영향 반경 내에서만 국한될 것이다. 대부분의 전형적인 가상 시나리오에 따르면, 자동차 또는 기타 다른 밧데리에서 개인 사생활 장치[PPD]로 공급되는 가용 전력은 제한되어 결국 이로 인해 영향 반경[Impact Radius] 또한 제한되어 진다. 그러나 이와 같은 장치들은 자체으로 당초 명시된 사양과는 크게 다를 수가 있다. 일반적으로는 그래도, 국지적으로 제한된 전파교란장치[Jammers]의 영향 반경은 항로 및 고고도 터미널지역에서 비행중인 항공기가 영향을 받지 않도록 수 백 미터 이상 초과되어서는 안 되며, 그러나 공항 근처의 경우에서는 경계[Vigilance]가 필요하다. 여기에는 활주로를 비롯해, 기타 지상운영, 최초 접근단계, 이륙 및 출발 시작절차 등이 포함될 수 있다. 한 가지 확인된 관심 부분은 GBAS 기준국[Reference Stations]으로써, 상세한 완화 조치가 필요할 수 있으며, 일부의 경우에서는 이미 성공적으로 구현되어져 왔다.

4.2.7 현재 공항에서의 PPD 모니터링 활동은 주요 인근 도로상에 집중되어 있지만, 그러나 오늘날에는 PPD를 장착한 유지보수 차량이 공항 주변 활주로 지역에 매우 근접한 정지선 지점으로 진입하는 과정에서의 장애가 되는 장애물들은 존재하고 있지가 않다. 공항 출입구에서의 비승객을 대상으로 하는 RFI 감시장비에 대한 필요성은 평가 중에 있다.

4.2.8 만약, PPD의 범위가 "개인정보 보호"로 해석될 수 있는 정도를 넘어서기 시작할 경우, 관심도[Concern]는 보다 더 중요하게 부각된다. 110~220V 가정용 주전원으로 구동되는 장치는 인터넷 통신 판매 사이트상에서 구입하여 사용이 가능하며, 그중 일부는 고방향성 안테나를 갖추고 있다. 만약, 전파 교란꾼들[Jammers]의 의도가 넓은 지역을 대상으로 "위치 관련 개인정보 보호[Location Privacy]"를 제공하는 데 있을 경우 위협의 심각성은 보다 확대될 수 있다. 본 가상 시나리오 상에서 항공분야를 대상으로 하는지 또는 아니기에 대한 구별은 위협이 어느 경우이든지 간에 대처를 해야만 하기 때문에 더 어렵고 관련성이 떨어진다.

4.3 항공 분야를 대상으로 하는 의도된 무선 주파수 간섭[Intentional RFI, Directed at Aviation]

4.3.1 이와 같은 유형의 RFI를 통해 발생되는 영향 수준은 미약 정도부터 심각한 정도까지 다양하게 나타날 수가 있다. 이중 약한 정도의 마지막 부분[Benign End of the Range]에서의 PPD는 공항 소음으로 불편을 겪는 주민들에 의한 항의 조치로 오용[Misuse]될 수도 있다. 또한 장치를 우발적이거나 의도적으로 켜 놓을 수 있는 항공기에서의 PPD 운반에 대한 장애물은 존재하지 않는다. 이 경우, 단일 항공기는 완전한 이동 중인 상태 하에서만 영향을 받는 데 반해, 국지적으로 제한된 RFI는 관심지역에 위치해 있는 동안에만 모든 항공기에게 영향을 미친다.

4.3.2 보다 심각한 수준의 영향[Impact]은 무인항공기[Unmanned Aircraft Vehicles : UAV]에서 간헐적으로 동작하는 항공기의 최종 접근구간에서 표적화 된 전파교란장치[Targeted Jammers]를 이용한 모든 특성을 갖춘[Full-Blown] 공격으로 인해 발생될 수 있다. 이와 같은 공격은 테라행위 또는 심지어 전쟁 행위에 가까움으로, 항공분야만을 그들의 영향[Impact]을 완화 시킬 수 있는 정도에는 분명히 한계가 있다. 이와 같은 유형의 RFI는 발생 가능성이 매우 낮다고 믿는 이유가 있지만, 그럼에도 불구하고, 본 위협은 만약 잠재적인 결과가 심각한 지를 고려할 필요가 있는 낮은 확률의 위협으로 심각하게 고려되어야만 할 것이다.

4.4 군사용 시험[Military Testing]

평시의 항법전 성능시험[Peacetime Testing of Navigation Warfare Capabilities] 상에는 군사용[Military Users] GNSS교란 및 위장술[Jamming and Spoofing] 시험 등이 포함된다. 본 장비들 중 일부에서는 RFI발생 근원지로부터 300NM을 초과하는 반경 지역에서 GNSS RFI를 유발시키는 것으로 보고가 되었다. 본 시험의 경우, 항공항법서비스[ANS] 제공자와 공역사용자들은 이러한 유형의 RFI발생 위치를 포함한 지속시간 및 크기를 관련 항공당국에 알리어 조정될 수 있도록 민간항공당국과의 사전 승인 및 조정절차가 필요하다. 조정부분으로서의 평가 상에는 항공분야에 NOTAM발행을 비롯해 군사 비행금지구역에서의 활동 및 적절한 조치 등을 유발시키는 영향[Impact]이 있는지의 여부가 결정되어져야만 한다. 사전 조정 기능이 잘 진행된다고 가정하는 이벤트의 사전조정 본질[Pre-Coordinated Nature]은 기존 완화 처리과정[Existing Mitigation Processes of the Event]을 사용하는 이와 같은 유형의 이벤트 영향을 제한할 수가 있다. 관련 군사기관은 의도치 않은 시험부작용을 계속 인식하고 이러한 활동이 민간항공에 미치는 영향을 제한시키기 위해 극단적인 주의 연습과 효과적인 조치를 계속 채택할 것이라 기대하는 것은 타당하다.

4.5 재 방사기/중계기[Re-Radiators/Repeaters]

4.5.1 당초 언급된 대로, 본 설명서[Manual]사에서는 특별히 위조[Spoofing] 관련 완화 절차를 다루고 있지는 않다. 한 가지 예외 부분은 GNSS 재 방사기 또는 중계기를 통해 나타난 의도치 않은 위조[Spoofing]와 관련 특별한 사례로 분류될 있다. 이와 같은 특별한 사례에서는 GNSS 수신 안테나를 통해 수집[Collected]되면서 건물 내부로 GNSS 신호를 제공한다. 이러한 경우는 유지관리 활동 또는 비상 서비스 차량 등에 대한 신속한 위치 수정이 필요할 경우 등을 위해 사용된다. 만약 GNSS 중계기가 아주 큰 출력(또는 전력)을 전송하도록 정확하게 설치 및 구성이 되어 있지가 않을 경우 인접 지역에 GNSS 중계기는 수용할 수 없을 정도로[Unacceptably] 큰 위치 정보에 대한 오류[Large Position Errors]를 발생시키게 될 것이다.

4.5.2 위조[Spoofing] GNSS중계기와 GNSS 인공위성으로부터 GNSS수신기 입력단에 원하는 신호 간에 출력(또는 전력) 비율에 따라, 다음과 같이 3가지의 가상 시나리오가 가능하다:

a) GNSS 중계기 신호의 세기가 GNSS 인공위성으로부터 직접 수신된 신호의 세기보다는 낮을 경우, 이러한 시나리오는 결국 GNSS 수신기 상에 다중경로[Multipath]와 아주 유사한 잡음 신호 레벨[Level of Noise]을 증가시키게 되고;

b) GNSS 중계기 신호와 인공위성으로부터의 직접 수신된 신호의 세기가 유사할 경우, 이러한 시나리오는 결국 일부 GNSS 수신기 채널은 기타 다른 채널들이 여전히 인공위성으로부터 직접 전송된 신호를 추적하는 동안에는 GNSS중계기로부터 수신된 신호가 포착[Lock On]될 수도 있다. 이로 인해, GNSS수신기의 위치정보 출력신호는 점프[Jump]를 통해 GNSS중계기와 수신기 간에 거리 보다는 더 길게 오류로 나타날 수가 있으며 ; 그리고

c) GNSS 중계기 신호의 세기가 인공위성으로부터 수신된 신호의 세기보다 더 크게 나타날 경우, GNSS 수신기는 GNSS중계기의 수신 안테나 위치와 일치되는 고정 위치로 변경되어 결국, 탐지가 가장 쉽게 이루어질 수 있는 경우가 될 것이다.

4.5.3 수용될 수 없는 위치정보 오류는 GNSS중계기 설치가 규정이 존중[Regulation are Respected]됨으로써 요건이 설정되어 있는지를 보장하기 위해 적절한 엔지니어링 관련 당국을 통해 심도 있는 시험과 독립적인 검증이 이루어졌는지가 보장됨으로써 방지될 수가 있다. 이는 특히, GNSS기반 운영이 이루어지는 공항 인

근 및 접근 또는 출발경로 하부지역[Underneath]에서 적절하다. 유럽의 규정상에서는 77dBm EIRP 및 총 이득(안테나 이득+증폭-손실) 45dB로 증폭된 어떤 합법적인 GNSS 중계기 설치와 관련된 등방성 복사전력[Equivalent Isotropically Radiated Power : EIRP]은 제한하고 있다.

Note. See ICAO EB 2011/56.

5. 위성항법시스템 무선주파수 간섭 완화 대책 절차[GNSS RFI Mitigation Framework]

5.1 이전 Section에서는 간섭이 무엇인지를 정의하였으며, 아울러 자체 동기 및 특성에 따라, RFI를 유형별로 분류해 놓았으며. 일단, 기타 다른 유형의 RFI에 대해 이해가 이루어지면, 다음으로는 완화절차 체계[Mitigation Framework]를 설정할 수가 있다. 본 Section에 기술된 완화절차 체계 관련 목적은 국지적인 RFI평가를 위한 조화로운 기본 정보를 제공하기 위한 데 있다.

5.2 완화 절차위한 체계[Framework]는 기 수립된 위험관리 관행을 따라야 하며, 이와 같은 본 체계[Framework]는 다음과 같이 연속적인 3단계 과정으로 요약될 수 있다:

a) 위협 감시[Threat Monitoring];

b) 위험 평가[Risk Assessment]; 그리고

c) 완화 조치의 배치[Deployment].

5.3 본 완화 과정은 위협 공간(또는 형태)[Space]가 진화되고 있으므로 연속적으로 진행 되어져야만 한다. 더구나, 비항공 활동의 큰 다양성에 연계되어 있는 자체의 진화 과정은 일반적으로, 항공안전관리시스템를 통해 처리되는 위협보다 예측 가능성이 낮다. 본 과정[Process]은 항공 이해관계자들[Aviation Stakeholders]에게는 부담을 주기 위한 것이 아니라는 점이 알려져야만 한다. 대부분의 경우, 비교적 간단한 조치들을 통해 위험을 크게 줄일 수가 있다.

5.3.1 위협 요소 감시 절차 [Threat Monitoring]

5.3.1.1 Section 4에 제시된 RFI 위협의 분류는 효과적인 위협 감시 시스템 설계와 지속적인 적합성을 보장하기 위한 목적에 유용하다. 각각의 위협은 구체적인 위험 감시 기구[Specific Risk Monitoring Mechanism]를 통해 다루어져야만 한다.

5.3.1.2 위협 감시요소 절차[Threat Monitoring]는 중요한 항공분야 영향[Impact] 관련 후속 보고 및 정보공유[Subsequent Reporting 및 Sharing] 갖춘 사안에 대해서만 국한되어서는 안 된다. 본 위협감시는 의도치 않는 간섭을 감시하기에는 충분할 수가 있으나, 그러나 의도된 간섭에 대한 감시절차상에는 보다 적극적인 접근방식이 필요 된다. 특히, 이와 같은 관심은 개인 사생활보호용 장치[PPD] 뿐만 아니라, 더욱 강력해지거나 또는 정교해진 장치를 통해 비롯되어 왔으며, 이와 관련된 수많은 연구 계획이 공항 근처의 혼잡한 주요 도로상에 감시용 시스템을 구축하여 활동적인 개인 사생활 보호용 장치[PPD]가 어디에서 나타나 있는지를 추적했다. 이와 같은 감시절차로 인해, 개인 사생활 보호용 장치[PPD]의 출현과 본 시스템[PPD]을 사용하게 된 근본적인 원인 등에 이해하는 계기가 되었다.

5.3.1.3 전략적 위치에서의 실제 신호 방사[Actual Emissions at Strategic Locations]와 같은 실제 주파수 환경[Actual Spectrum Environment] 감시는 무선주파수 간섭[RFI] 위협을 감시하기 위한 수단만은 아니다. 예방(또는 유지보수)목적을 위해, 비 항공 관련 애플리케이션 개발에 대한 인식을 얻는 것은 매우 효과적일 수가 있다. 또한 예를 들어, 도로 통행료[Road Tolling]를 포함한, 사용기반[Usage-Based] 자동차 보험, 팔찌[Ankle Bracelets], 은밀한 혐의자[Covert Suspect] 감시를 위한 가상울타리[Geo-Fencing]로 둘러싸인 특정 구역 내에서의 개인용 선단[Employer Fleet] 또는 자산 감시[Asset Monitoring], 아직 구상되지 않은 다른 응용 프로그램을 위한 전기장비용 승압기/중계기[Booster/Repeater] 시스템 및 실내/외 의사 소립자[Pseudolites] 등과 같은 비 항공 애플리케이션을 위한 GNSS사용 관련 현재 및 미래 개발은 잠재적인 무선주파수 간섭[RFI]위협에 대해 중요한 통찰력[Valuable Insight]을 제공해 주고 있다.

5.3.1.4 실제 적용 범위를 넘어서, 개인 사생활 권리 보호 및 불법 기기 몰수를 포함하는 의도적인 간섭[Intentional Interference]을 다루는 관련 법률 및 규제 조항을 고려하는 것도 유용할 것이다. 이러한 대응 작업은 적절한 지역 당국과의 협조 하에 수행이 되어져야만 한다.

5.3.1.5 일반적으로, 위협 요소 감시 절차상에는 예방적인 측면과 대응적인 측면이 갖추어져 있다. 자체의 사회적, 경제적 및 규제적인 맥락에서 GNSS에 대한 광범위한 사용을 고려하는 예방적 감시는 모든 관련 당사자들이 적절하게 협력할

수 있도록 보장하는 주로 의사소통 활동으로 간주된다. 반대로, 대응 감시 절차[Reactive Monitoring]는 실제 GNSS감시용 시스템을 배포하여 구축함으로써 달성된다. GNSS 감시용 시스템은 주파수 및 시간 영역[Time-Domain]에서 동시에 신호를 수신하는 높은 수신감도로 GNSS주파수대 하에서의 방사신호를 측정할 수 있다. 본 감시 시스템은 단순히 RFI방사 신호만을 탐지하는 데 국한되어서는 안 되지만 그러나, RFI가 방사되는 근원지의 위치를 확인하기 위한 목적이 포함되어야만 한다. 적절한 측정 절차뿐만 아니라, 설계 및 설정 관련 지침은 향후 Doc 8071, Volume Ⅱ에 포함될 것이다. 이러한 시스템은 과도한 비용 부담없이 효율적인 완화 기능을 보장하기 위해 위험 분석에 일치되게 지원되어야만 한다는 점에 주목하는 것이 중요하다.

5.3.1.6 GNSS 감시 기능은 항공기 또는 지상기반에 의하되, 정지 또는 이동방식을 통해 지속적이 또는 간헐적인 운영 방식을 통해 이루어질 수 있다. 현재는 일반적으로 항공기 조종사 보고를 통하지 않는 한, 항공기를 통한 지속적인 감시 기능을 제공한다는 것은 불가능하다. 그러나, 수동방식에 의한 기록장치를 사용함으로써, 항공작업비행[Aerial Work Flights] 또는 기타 비행단[Fleet] 기록 성능[Recording Capabilities]을 통한 GNSS신호 품질에 대한 상당한 양의 데이터를 수집하는 것이 가능하다. 또한 ADS-B 보고 매개변수 분석을 통한 GNSS서비스 가용성 관련 타당성이 조사 중에 있으며, 특히, 항공기를 통한 성능 분석은 RFI 발생위치를 효율적으로 탐지하는 데 유용하다. 이러한 성능(또는 기능)은 지상을 기반으로 한 위치 추적과정에서 보다 효과적이고 효율적인 지상의 제한된 지역에서 공간상의 추적 범위를 축소 시킬 수 있게 한다.

5.3.1.7 고정적인 지상을 기반으로 하는 기록 탐지는 특히, 공항 근접 지역의 고밀도 교통 통행로 또는 GNSS RFI 관련 보고가 일상적으로 수신되는 지역 등과 같은 전략적인 위치에서 매우 유용하다. 효율적인 RFI 감시를 위해서는 고정방식 및 이동식 모니터가 권고된다. 예를 들어 GNSS 접근절차가 이행되고 있는 공항에서는 이동식 측정 장치가 배치되어야 한다. 일부 체약국들에서는 2주간에 걸친 기간 동안 지역 주파수 환경에 대한 적절한 초기 조사를 달성하기 위해 연속적인 감시를 충분히 고려하고 있다, 이를 위해 또한 조사 절차가 일반적인 전기통신 규정에 부합되는 대상 지역의 주파수 감시기관과의 협조를 통해 진행할 것을 권고하고 있다.

5.3.1.8 실제 감시 시스템을 배치하는 것 이외에도, 공역사용자의 보고서 분석 또한 예비 동향을 감시 및 탐지하기 위해 효과적인 방법에 해당될 수 있다.

5.3.1.9 마지막으로, 효과적인 위험 감시는 경제 규모에 따라 좌우된다. 이로 인해, 각 체약국은 타 체약국들을 통해 보고된 문제 유형에 영향을 받을 수 있는지를 평가함으로써 자국의 위험 감시절차를 개선케 할 수가 있다.

5.3.2 위험성 평가[Risk Assessment]

5.3.2.1 본 위험성 평가[Risk Assessment]는 예방적[Preventive] 및 대응적[Reactive] 차원의 위협 감시[Threat Monitoring] 통해 얻은 데이터를 기반으로 수행되어야 한다. 위험성 평가의 목적은 운영상 관련될 수 있는 위협을 평가하기 위한데 있다. 예방적 감시 데이터 관련 위험성 평가는 분석적[Analytically]으로 수행되어야 한다. 이로 인해, 위협 관련 감시 전략이 개선되도록 유도될 것이다. 위험성 평가는 특히, 완화 조치 전/후에 모두 잠재적인 영향에 대한 판단이 이루어져야 만 한다. 또한 실제로 접한 RFI 시나리오 관련 확장[Escalation] 또는 변화[Variation]를 고려하는 것이 유용하다. 예를 들어, 특수 교란 장치[Particular Jamming Device]는 구성품 장애로 인해 증폭기에 연결하는 방식으로 조정함으로써, 자체에 미치는 충격 범위[Impact Range]는 굉장히 증가될 수가 있다.

5.3.2.2 GNSS 수신기[Receivers]는 RFI 이벤트가 조종사 또는 비행 제어 시스템 중 어느 하나에 제공되는 우험적으로 오도되는 정보[Hazardously Misleading Information : HMI]로 이어지지 않도록 설계되었다. 다시 말해, 항법 시스템 성능 측면에서 RFI 이벤트는 서비스 연속성에는 영향을 미칠 수는 있지만, 그러나 일반적으로 무결성에는 영향을 미치지는 못한다. 수신기들은 특별한 이벤트로 인해, 서비스 중단으로 이어지질 수 있는 지의 여부를 평가하는 데 일반적으로 사용되는 Section 3에 제시되어 있는 특정된 마스크[Specific Masks]에 대해 시험이 이루어진다. 수신기 표준[Standards]을 충족하는 시스템에 대해 RFI 관련 시나리오의 영향을 평가할 수 있는 분석[Analytical] 및 측정 기능[Measurement Capabilities] 모두가 필요하다.

5.3.2.3 만약 모든 것에 가능할 경우, 위험성 평가 상에는 또한 발생 빈도 또는 발생 확률 등과 연계된 연속성 영향 관련 판단[Judgement of Continuity Impact]

도 포함되어야만 한다. 하지만, 그러나 많은 상황 하에서, 사용 가능한 데이터는 결정적인 평가를 뒷받침하거나 또는 이벤트에 대한 발생 확률을 제한[Bound]하기에는 너무 부족하게 될 것이다. 이러한 경우, 이루어질 수 있는 일은 오직, 잠재적인 결과에 대한 심각성을 제한하는 것이다. RFI의 예측 불가능한 특성을 고려할 때, 이는 특히 만약 위협의 실행 가능성이 높은 경우, 즉 만약 특수한 시나리오가 발생될 수 있다는 상상이 쉽게 예상될 경우 적절하다. 영향의 심각도[Severity of Impact]는 항상 지역적인 운영 환경의 맥락에서 평가되어야만 한다. 여기에는 사용자 편대[User Fleet] 장비 수준에 따른 고려사항이 포함될 수 있다. 예를 들어, 많은 사용자들이 GNSS를 사용할 필요가 있는 PBN 기능을 가지고 있는 경우, 그 영향은 대부분의 공역 사용자가 다중 센서 항법 시스템을 장착하고, 항공 항법 서비스[ANS] 제공자는 적절한 지상의 대안 항법시스템[Alternative Terrestrial Navigation] 관련 인프라를 이용할 수 있는 상황에 비교할 경우 더 크게 나타나게 될 것이다. 또한 ADS-B가 전세계적으로 배포가 연속적으로 증가되고 있다는 점과 GNSS RFI의 악영향이 항공기 항법을 넘어 ATM감시 및 기타 CNS 응용프로그램에게 까지 확대될 수 있다는 점을 이해하는 것은 매우 중요하다.

5.3.2.4 위험성은 무해한 정도부터 심각한 정도까지 나타날 것이다. 차량에서 작동되는 개인 사생활 보호용 장치[PPD]는 충격 반경[Impact Radius]이 제한되어 있으며, 아울러 차량은 대부분 지붕이 금속으로 제작되어 있기 때문에 일반적으로 무해한 위험성[Benign Risk]로 간주된다. 만약 PPD의 영향 범위가 넓을 경우를 비롯해, 관련 차량이 GBAS 기준국[Reference Stations]과 같은 GNSS시설 인근에 위치해 있는 경우에 보다 중요한 위험성이 발생될 수 있다. 실제 항공분야에 대한 위해 목적이 있다면, 인근 공항 운영에 대한 시민의 항의와 같은 중간적인 심각도 또는 테러리스트 의도에 의한 위협과 같은 심각한 위험성 등이 발생 가능할 수 있다. 어떤 경우이든, 안전 복귀[Safe Reversion]는 결과적으로 기능[Capacity]가 손실될 수 있는 경우에도 항상 보장되는 것이 필요하다. 중요한 비의도적인 위협은 라디오 또는 텔레비전 방송국을 통해 송출되는 신호와 같은 고출력 간섭신호에 대해서는 일반적으로 제한[Limited] 된다.

5.3.2.5 위험성 평가의 목적은 사용 가능한 완화 조치뿐만 아니라, 관련 위협 상황을 설명하기 위한 데 있다. 그런 다음 위험성은 사용 가능한 완화 정책에 비추어 평

가되어져야만 하며 잔류 위험성은 허용 가능한 수준으로 감소시키게 될 완화조치 배치[Mitigation Measure Deployment] 관련 권고사항으로 이어져야만 한다. 많은 경우에서 있어서, 위험성을 수용할 수 있는 수준으로 감소시키기 위한 정확히 정량화된 수단은 가능할 수가 없다. 이러한 경우, 권고된 접근 방식은 위험 수준을 합리적으로 실행 가능한 만큼 낮게 유지도가 보장되도록 목표를 세우는 것이다. 위험성의 심각도에 따라, RFI위험성 완화 대책을 특수 안전 및 보안 관리 시스템에 연계하는 것이 필요하다.

5.3.2.6 의도적인 간섭으로 인한 위험성 평가에서 고려되어야 할 측면은 위험 발생 확률과 영향의 심가도 간에 관련성이 이에 해당된다. 기존의 안전 위험성 평가에서 위험의 확률과 심각성은 독립 변수로 간주되며, 안전성 평가는 합리적인 수준으로 두 요인의 곱[Product of Both Factors]을 합리적인 수준으로 제한[Limit]하도록 추구한다. 보안 평가에서 확률과 심각도는 종속 변수에 해당된다. 다시 말해, 만약 특정 위협 시나리오가 매우 심각한 영향을 미칠 수 있는 경우, 이는 또한 다음과 같은 발생 가능성을 증가시킨다. 이 경우, 유일한 완화 조치는 영향의 심각성을 제한하는 것이다. 이것은 통상 적절한 운영 절차와 기반시설이 지원되는 발효된 비상 계획 조치를 통해 성취될 수 있다.

5.3.3 완화 조치 배치[Deployment of Mitigation Measures]

5.3.3.1 RFI 완화 조치[Mitigation Actions]는 다음과 같은 3가지 Section에서 논의된 3가지 순차적 단계 절차를 통해 고려될 수 있다. 이상적인 완화 정책[Ideal Mitigation]은 1단계 RFI가 발생되는 것을 초기에 차단(또는 예방)하는 것을 의미한다. 만약 RFI가 차단(또는 예방)될 수가 없을 경우, 다음 목표에서는 2단계 RFI가 발생이 되더라도, GNSS를 통해 제공되는 항법 및 기타 서비스는 계속 지원이 유지될 수 있도록 서비스 상에 부정적인 영향을 차단하여야 만 한다. 마지막으로, 만약 RFI로 인해, 정상적인 서비스 중단이 발생될 경우, 이에 대한 대응 조치는 적절한 시간 내에 RFI가 발생된 출원지를 감지, 확인 후 발생 위치를 제거하기 위한 3단계 조치가 필요하다. 실제 사례에 대한 정보를 재확인[Feedback] 및 공유[Sharing] 과정은 그 외 다른 가능성보다 더 큰 규모의 지리적 규모로 얻어진 효과적인 변호를 보장하는데 다시 한번 도움이 될 것이다.

5.3.3.2 비의도적인 RFI 완화 정책은 사후 대응적 접근법에 의존해야만 한다. 그러나 이에 반해, 의도적인 RFI의 완화 정책은 간섭할 동기를 예방적으로 감소시키는 원칙에 기초해야만 한다. 개인 의도적으로 RFI 위험을 유발시킬 경우에는 기소[Prosecution] 상태로 노출이 될 수 있다. 위험을 정당화시키기 위해, 부분적인 확실성 상에는 RFI 생성이 달성됨으로써 추구된 원래의 목표는 반드시 존재해야만 한다. 그러므로 완화 정책의 목적은 특수한 서비스 중단 또는 기타 악영향을 통해 성취될 수 있는 가능성을 불가하게 만듦으로써 가해자의 동기 부여를 줄이게 하기 위한 데 있다.

5.3.3.3 무선주파수 간섭 발생 예방대책[Preventing the Occurrence of RFI]

5.3.3.3.1 RFI 예방 대책은 주로 규제와 법적인 문제에 관련이 되어 있다. 일반적으로, 규정 및 법률은 간섭 장치에 대한 불법을 규정하고 있다. 국가 법률은 적용 관련 시행이 용이하도록 수립되어야 한다. 이상적으로, 비인가자의 불법기기(또는 장치) 소지는 사용 여부에 관계없이 몰수를 위한 충분한 근거가 마련되어 있어야 한다. 공항을 비롯한 항공항법서비스[ANS] 제공자, 전기통신 규제기관 및 법률 집행 기관 간의 적절한 인터페이스는 서비스 중단에 대한 대응이 가능하도록 설정되어야 한다. 규제[Regulatory] 및 법률 조항[Legal Provisions]은 다음과 같은 사항을 달성하는데 목표를 두고 있어야 한다:

a) 위치 관련 개인 사생활 보호[Location Privacy]에 대해 시민들의 우려를 충족시키도록 제정하는 것. 예를 들어, 비행선단[Fleet] 추적 시스템을 사용하는 고용주들은 고용인(또는 직원)을 상대로 부적절하게 사용되지 않도록 추적 기능을 보장하여야 한다;

b) GNSS기반 수수료 징수 시스템 또는 유사한 수익 흐름[Similar Revenue Streams] 시스템 등 관련 제공자가 수수료가 회피되지 않는 GNSS 교란과 같은 방법으로 시스템을 설계하는 것. 예를 들어, GNSS에만 의존하는 도로 통행료 시스템은 RFI를 탐지하여 간섭을 발생시키는 차량을 식별(또는 확인)하여 시정 조치를 취하게 하여야만 한다;

c) RFI 고려사항은 법 집행 조항에 포함시키는 것. 예를 들어, PPD를 사용하여 법 집행 목적으로 사용되는 전자 감시 장치를 비활성하는 것이 가능하게 해서는 안 된다;

d) 국가 방위 목적을 제외한 RFI 장치의 제조를 포함한 판매 및 수출을 금지

하는 것. 수출이 허가되는 장치는 수입 체약국에 의해 인식이 될 수 있도록 적절하게 라벨이 부착되어야만 한다;

e) 항공 이해관계자[Stakeholders]와 관련 기관[Entities]이 적절한 완화조치를 개발 및 배포할 목표로 요구되는 대로 RFI시험을 수행하도록 허용하는 것; 그리고

f) 중요한 RFI 위험이 있는 중계기 또는 재 중계기, 실외용 유사장치 등과 같은 시스템 설치와 관련하여:

㉠ 공항에서의 중요한 RFI 위험이 있는 시설이 설치된 지역 뿐만 아니라, 잠재적인 공항 운영에 영향을 미칠 수 있는 접근[Approach] 및 출발 경로[Departure Paths]상의 하부[Underneath]지역을 확인(또는 기별)한다;

㉡ 고정적인 응용프로그램[Static Applications]을 포함한, 제한된 수많은 전문적인 응용프로그램 및 항공기/항법시스템 유지보수, 비상 서비스에 관련된 전문적인 사용자들 등이 배치되어 있는 지역에서의 시스템 설치를 제한한다;

㉢ 불법 및 점검되지 않고 설치될 시설을 피하기 위해 기존 규정을 설치 관련 잠재적 사용자들[Potential Users]에게 적극적으로 알린다;

㉣ 규정 준수를 보장하기 위해 설치될 시스템에 대해 전문적이고 독립적인 검증을 위한 측정이 필요하다 ; 그리고

㉤ 중요한 RFI 위험이 있는 불법 및 점검되지 않고 설치된 시설을 탐지하기 위해 Doc 8071, Volume II 지상 시험[Ground Testing] 절차의 일부로 이동식 간섭 시험[Mobile Interference Testing]을 시행한다.

5.3.3.3.2 마지막으로, 위에서 열거된 요점과 관련된 어떤 대중적인 인식 활동[Public Awareness Activity]은 자체의 잠재적 사용자들을 광고하는 것과는 반대로 의도적인 RFI에 대한 실질적인 억지력[Real Deterrent]을 생성하기 위해 주의 깊게 설계되어만 한다.

5.3.3.4 부정적인 영향(또는 충격)에 대한 예방(또는 방지) 대책[Preventing Adverse Impact]

5.3.3.4.1 만약 RFI가 방지될 수가 없을 경우, 자체의 부정적인 영향은 다음과 같이 두 가지 단계로 예방이 가능하다. 즉, 첫 번째 단계는 GNSS 수신기 성능을 강

화하여 RFI에 대한 저항성을 보다 높게 설정하는 것이다. 그러나, 본 대책은 장기적인 가능성으로써 단지 표준화될 예정인 새로운 장비에만 적용할 수가 있다. 두 번째 단계는 여유 시스템[Redundant Systems] 및 기능[Capabilities]을 사용하는 GNSS의 추가 통합[Further Integration]을 포함한다. VOR, DME 및 관성기준시스템[Inertial Reference System : IRS] 등과 같은 대체 항법 기능은 RFI가 발생되더라도 만약 연속적인 운영이 유지될 수가 있을 경우에는 안전을 보장하는데 중요한 역할을 수행한다. 유사한 원칙은 GNSS를 기타 다른 항법시스템에 사용 시에도 적용이 된다. 따라서, ANS 제공자는 기존 재래식 항법시스템과 감시용 기반시설이 합리적으로 수행될[Undertaking Rationalization] 때, GNSS RFI의 지역 위험[Local Risks]을 고려해야만 한다. 만약 항법신호를 사용할 수 있는 대안이 없을 경우, 기타 다른 CNS 기능은 항법 신호 손실에 대처하기 위해 사용될 필요성이 있다. 예를 들어, 감시 및 통신 시스템 기능은 항공교통관제사가 모든 영향을 받은 사용자들에게 적절한 벡터링 지원을 제공할 수 있게 해야만 한다. 특히, 접근 및 착륙구간에서, 적정한 범위내로 사용 가능한 적절한 대체 기능으로 유지되도록 권고 되었다.

5.3.3.4.2 GNSS 이상[Anomalies]을 인식하고 대응할 수 있는 공역 사용자 및 항공교통 관제사 등에 대한 교육은 또한 RFI 이벤트에 대한 악영향[Adverse Impact]을 완화시키는데 적절히 기여한다.

5.3.3.4.3 또한, 공역 사용자에게 GNSS 교란 및 도용[Spoofing] 장비에 대한 군용 시험의 범위와 시기에 대해 사전에 신속하게 알리는 것이 매우 중요하다. 이와 같은 평상시의 군용 시험과 관련하여, 필요하다면, 비행 및 ATM 운영에 대한 피할 수 없는 중단[Unavoidable Interruption]을 인식하는 것이 수행될 필요가 있으며, 적절한 주의[Suitable Cautions]는 민간 항공에 대한 불리한 운영 영향[Adverse Operational Impact]을 제한하기 위한 연습[Exercised]이 실행되어야만 한다. 대체 운영절차 그리고, 필요하다면, 부가적인 CNS 기반시설이 배치되어야 할 필요성이 있으며, 프로세서는 관련 항공 교통 관제 장치와 공역 사용자 간에 조정이 되어야 할 필요성이 있다.

5.3.3.5 위성항법 서비스 중단에 따른 대응 절차[Reacting to GNSS Service Interruptions]

5.3.3.5.1 만약 RFI 이벤트로 인 GNSS 서비스 중단을 방지할 수가 없는 경우, 특히

운영상 유해한 영향을 미친 경우라면, 가능한 한 신속하게 탐지 및 중지 되었는지를 확인해야만 한다. 이를 위해서는, RFI의 발생 근원지(또는 출처지)에 대한 탐지, 식별, 위치 확인을 통해 이를 제거할 수 있는 능력이 필요하다. 탐지는 감시 시스템 또는 직접적인 운영 인력 중 어느 한 방법을 통해 수행이 되겠지만, 그러나 항법 서비스 중단이 RFI 또는 기타 다른 원인에 의해 비롯되든 간에 이를 추진하는 과정에서 운영 인력에 의한 방법은 쉽지가 않을 수 있다. 이상적으로, 적정한 시스템은 배치되어야만 하고, 이와 같은 이벤트를 식별하기 위해 운영 인력에 의존할 수는 없다. 그럼에도 불구하고, Section 2에 명시된 바와 같이 조종사와 항공 교통 관제사는 GNSS에 대한 RFI의 악영향을 이해하고 이에 적절하게 대응해야 한다는 것은 매우 중요하다. 효과적인 보고 라인 또한 어떤 항법 서비스에 대한 이상 증상[Anomaly]이 조사될 수가 있는지를 보장하기 위한 준비가 되어 있어야만 한다. RFI 탐지 및 현지화[Localization]에 대한 기술 지침은 준비 중에 있으며, Doc 8071, Volume Ⅱ에 포함이 될 것이다.

5.3.3.5.2 일단 RFI 이벤트가 긍정적으로 발생이 될 것으로 확신이 되면, 관련 공역사용자 및 항공교통관제사들에게 신속하고 적절하게 통지되어야만 한다. RFI사례와 관련된 정보 상에는 만약 가능하다면, RFI이벤트가 발생된 위치를 포함한 지속시간 및 관련 대체 운영절차 등이 포함되어야만 한다. 부가적으로, ANS 제공자 엔지니어링 직원은 적절한 국가 무선규제[Ational Radio Regulatory] 및 시행기관[Enforcement Authority]에 연락하여 RFI이벤트를 해결하여야만 한다. 이와 같은 과정을 통해, RFI에 대한 식별 및 분류가 가능하도록 가능한 한 많은 데이터가 수집이 된다면 도움이 될 것이다. "식별[Identification]"이라 함은 검색 공간을 좁히기 위해 가능한 신호 발생 근원지와의 연관성을 의미한다. 예를 들어, 방송국으로부터의 고조파 방출은 의도되지 않는 RFI의 일반적인 잠재적 근원지에 해당된다. 식별이 가능한 것은, 방송 신호와 방송국의 위치를 알고 있음으로써, RFI신호 발생 근원지를 상당히 빠른 속도로 추적할 수가 있다.

5.3.3.5.3 더 나아가, 신호 발생 근원지는 항공기 또는 지상이동플랫폼[Ground Mobile Platform] 중 어느 한 방법을 사용함으로써 삼각 측량이 가능하다. 한편, 항공기 기능을 통해서는 RFI 신호 발생 근원지의 위치를 가장 신속하게 추적이

가능할 수는 있지만, 그러나 이를 수행하기 위한 비용이 과다하게 소요될 수가 있다. 결과적으로, 배치 대책[Deployed Countermeasures]은 야기되는 충격 영향의 크기가 어느 정도이냐에 따라 좌우(또는 결정)된다. 충격 영향이 보다 작은 경우, 개별적인 PDD로 인한 이벤트, 몇 주 동안에 걸쳐 수행된 모니터링을 통한 발생근원지 식별과 같은 이벤트의 경우에는 허용이 가능한 반면에 보다 큰 규모로 충격 영향을 받은 지역에서는 특별 비행점검이 요구될 수도 있다. 그러나 이 경우, 비행점검이 시행되는 RFI발생 근원 지역에서는 비행점검 자체가 RFI를 통해 직접 영향을 받을 수도 있기 때문에 보다 더 어려울 수가 있다.

5.3.3.5.4 일단, RFI 이벤트가 해결된 경우, 각 체약국들 또는 ANS 제공자들은 주파수 관련 실무 그룹과 같은 항공포럼에서 학습한 교훈을 공유토록 권장이 요구된다.

6. 지역적 및 글로벌 지원 체계[Regional and Global Support Processes]

6.1 주파수 관련 문제들은 일반적으로, 국가의 책임에 해당된다. 결과적으로, 본 문제는 주로 국가 차원의 활동에 염두에 두고 작성되었다. 그러나, GNSS는 지역 구성요소[Regional Components]를 갖춘 글로벌시스템에 해당된다. 그리고 덧붙여, 항공[Aviation] 또한 조화로운 프로세서[Harmonized Processes]를 통해 이익을 얻는 세계적인 운영체계[Global Operation]이기도 하다. RFI를 완화하는 과정에서의 체약국의 노력은 이러한 구조를 이용함으로써, 크게 촉진될 것이다. 이를 위해서는, 상응하는 조직 인터페이스에 대한 설정[Set-Up]이 필요하다.

6.1.1 포괄적인 위협 장면 편집[Compilation of a Comprehensive Threat Picture]

6.1.1.1 RFI 완화정책의 핵심 과제중 하나는 특히, 비행중인 항공기에 영향을 미치는 이벤트를 고려할 때, 이벤트의 관찰 가능성이 제한된다. 항공기상에 다중 센서 항법시스템이 장착되어 있을 때, 어떤 경우에 조종사는 GNSS가 동작이 중지되어 있는지를 인식하지 못할 수가 있다. GNSS 시스템의 운영중지 상태가 항공기 승무원을 통해 확인되었을 때, 특히, 만약 운영 관련 결과가 나타나지 않으면, 이를 보고할 의무가 없게 된다. 이러한 이벤트 관련 정보는 위협 감시 데이터의 매우 중요한 발생 근원지를 나타내고 있지만, 그러나 인프라 서비스 공급[Infrastructure Service Provision]을 크게 촉진한다.

6.1.1.2 만약, 조종사가 GNSS 동작 중지 상태를 보고할 경우에는 다양한 선택권[Options]이 놓여 있다. 이와 관련하여 지역의 ANS 제공자에게 파일 보고서를 제출할 수가 있으며, 또한 운영자 보고서[Operators Reporting]는 IATA 또는 EUROCONTROL 등과 같은 글로벌 또는 지역적인 조직[Regional Organization]에 연락할 수도 있다. 이들은 또한 GNSS 사용자 지원센터[User Support Centers]에 연락할 수도 있다. 본 센터들은 핵심 위성군[Core Constellation]을 포함한 보정 서비스 제공자들[Augmentation Service Providers] 및 항공 분야에만 국한되지 않는 모든 사용자 부문[User Segments]들을 통해 운영된다. 이러한 후속 보고서들은 사건의 심각성 뿐만 아니라 관계자의 이해 수준에 따라 다르게 나타날 것이다. 수많은 본 보고서 흐름[Multitude of Reporting Streams]은 관련 데이터가 많은 다른 기관들[Entities]에 보고되지 않거나 또는 보고되기 때문에 실제 위협 상황을 완벽하게 묘사하기에는 어려울 수가 있을 수도 있다. 운영적으로, 관련 이벤트가 가능한 한 완전한 묘사로 기초되어 평가 될 수 있도록 보장하기 위한 그러한 보고로 조정하도록 권고된다. 특히, 특정영역에서 반복적인 이벤트가 발생될 경우 운영자들은 관련 AIS를 갖춘 조종사 보고서를 작성토록 권장된다.

6.1.1.3 한 예로써, 유럽에서의 보고 장치[Reporting Mechanism]는 유로 컨츄럴 자발적 항공교통관리 준사고 보고[EUROCONTROL Voluntary ATM Incident Reporting : EVAIR] 체계를 통해 설정되어 왔다. 이것은 IATA와의 협력 하에 비밀 유지[Confidentiality Arrangements]를 갖추고 배치 운영되는 일반적인 안전보고 기능이다. 미국에서 이와 유사한 보고 장치는 미국 우주 항공청[National Aeronautics Space Administration : NASA]의 항공 안전 보고 시스템[Aviation Safety Reporting System : ASRS]이다. GNSS 운영 중단 문제[Outage Events]는 정기적으로 유로 컨츄럴 자발적 항공교통관리 준사고 보고[EVAIR] 체계로 보고된다. 지금까지 수집된 데이터는 GNSS 운영중지 이벤트가 정기적으로 발생되지는 않고 있지만 그러나, 이러한 이벤트들은 일반적으로 심각한 운영 문제로 이어지지는 않고 있다. 모든 이벤트가 반드시 보고되는 것은 아니지만, 발생 확률, 지리적 분포 및 빈도 가능성에 대한 의미 있는 암시를 제공하는 보고된 많은 이벤트 수들로써 유사한 크기 순서로 예상될 수 있다. 본 데이터는 또한 운영 관련성 측면에서 본질적인 위험 평가 링크[Risk

Assessment Link]를 제공한다. 본 장치[Mechanism]는 RFI환경 하에서의 어떠한 중요한 변화가 감지될 수 있도록 보장한다.

6.1.1.4 항공안전 관련 이벤트 보고는 다름 많은 문제들에 대해 가동중[In Place]인 확정된 프로세스이기 때문에, RFI를 포함하는 프로세스의 확장 관련 설정[Set Up]은 상대적으로 쉽게 이루어진다. 항공 관련 명확한 RFI 이벤트에 대한 증거는 GNSS 사용자 지원센터와의 조정 과정을 통해 보다 상세히 입증되었다. 만약 이러한 지역적 또는 세계적인 위협 감시가 주어진 지역 및 시간에 여러 개의 중요한 이벤트를 감지하는 경우, 해당 이벤트는 책임 있는 체약국의 관련 당국 및 ANS 제공자들에게 보고되어야만 한다.

6.2 위성 항법 시스템운영 중단 관련 가능한 원인에 대한 확인[Determination of Probable Cause of GNSS Outages]

6.2.1 지역적 또는 세계적인 위협 감지 시스템을 통해 운영적으로 상당히 많은 수의 이벤트로 유도될 경우, 이때에는 특별 대응 완화 조치가 고려될 수 있다. 본 조치는 타당한 경우 공역 사용자들을 포함한 규제기관들[Regulators] 및 ANS제공자들과의 협조체재를 통해 수행된다. 그러나, 일반적으로, 이벤트 자체에 대한 데이터는 매우 희박할 것이며, 어떤 경우에는 항공기 승무원이 의심하더라도 RFI에 의한 이벤트인 지에 대해 확인하지는 않는다.

6.2.2 이 같은 경우, 개연성 있는 원인에 대해서는 제거 과정을 통해 확인이 되어야만 한다. 첫째, 운영 중단은 GNSS 서비스에 문제가 있을 수 있으며, 이는 핵심 위성군[Core Constellation] 그리고/또는 보정 시스템[적용된 경우, Augmentation System] 또는 신호 오류 중 어느 한가지로 인해 발생된다. 둘째, 운영 중단 비정상적인 태양활동에 의해 야기될 수도 있다. 셋째, 문제는 또한 GNSS 신호와는 반대로 수신기 자체로 인해 발생될 수가 있다.

6.2.3 GNSS 사용자 지원센터에서는 운영 중단 이벤트 평가를 수행하는 직원 뿐만 아니라, 관련 사용자들에 대해 GNSS 서비스 상태 정보를 제공한다. 그들은 통상 기상(또는 대기) 감시 조직과 관련이 있으며, 수신기 제조업체와의 접촉을 통해 주어진 GNSS 운영 중지가 위에서 언급된 3가지 중 어느 하나에 기인하는 지를 결정하는 데 크게 도움을 줄 수 있다. 만약 이러한 원인들이 배제될 경우(또는 해당되지 않을 경우)에는 이벤트 발생 원인은 RFI에 의해 기인한 것으로 고려될 수

있다.

6.2.4 일단 RFI가 근본적인 원인이라고 판단되면 보다 심도 있는 평가와 분류 과정은 Section 4에 명시된 대로 진행될 수 있다. 만약, 중요한 RFI 이벤트가 발생될 경우, 이에 대한 대응 조치는 Section 5에 명시된 대로 이행될 수 있다. 또한, 여기에는 NOTAL 및 기타 이용 가능한 채널을 통해 항공기 운영자들에게 정보를 제공하는 것도 포함될 수 있다. 지역적 및 세계적인 조직과의 조정 과정은 RFI이벤트에 대한 확인 및 해결하는데 크게 촉진 및 가속화할 수 있게 한다.

7. 요약[Summary]

7.1 A GNSS RFI 위험 완화 체계[Risk Mitigation Framework]는 설명이 되었다. 많은 잠재적 조치는 Section 8에 명시되어 있는 체크리스트 상에 확인 요약이 되었다. 본 접근 방식은 위협 감시[Threat Monitoring]를 포함한 위험 평가[Risk Assessment] 및 완화 조치의 배치[Deployment of Mitigation Measures] 등으로 구성된 3단계 과정을 반복적으로 사용함으로써 위험을 실행 가능한 합리적인 낮은 수준으로 완화시키는 것이다.

7.2 "합리적"으로 고려될 수 있는 노력의 수준을 상세히 평가하기에는 어려움이 있지만, 그러나 전체적인 CNS/ATM 시스템을 조명해 보는 것이 중요할 것이다. 특히, RFI 위험 완화의 보안 측면[Security Aspects]과 관련하여, 관련 노력은 CNS/ATM 보안 체인[Security Chain]이 항상 GNSS일 필요는 없는 자체의 가장 약한 링크[Weakest Link]만큼 강한 경우일 때만 고려되는 CNS/ATM 시스템과 교차하여 균형을 이루는 것이 필요하다. 그럼에도 불구하고, 지속적인 경계[Continued Vigilance]는 비항법 섹터[Non-Aviation Sector]로부터 발생하는 위험에 노출되는 동안, 주로 GNSS를 통해 활성화된 하나로 진화[Evolves]하는 항법 서비스로서는 적절하다. 패션 단계별로 기술된 과정을 수립하여 이행할 경우에는 위험에 대해 허용 가능한 수준 이내로 유지시킬 수가 있다.

7.3 국가 완화 계획 및 지역별 조정[National Mitigation Plans and Regional Coordination]

항공 운영 관련 글로벌 특성을 고려할 때, 얻어진 RFI 이벤트로부터 상대적으로 동일한 수준의 보호가 바람직할 수가 있다. 이를 위해서는, 데이터 공유가 필수적이다. 이와 같은 데이터 공유는 잠재적으로 민감한 데이터를 처리할 수 있는 적절한 포럼에서 논의될 필요성이 있다. 국가 차원의 완화 계획은 항공 관련 기관을 포함한 전기통신규제기관 및 기타 적정한 파트너들과의 조정이 수반되어야만 한다. 예를 들어, 체약국은 국가 중요 기반시설 또는 모든 사용자 부분에 이익을 가져다주는 보다 조정된 조치를 시작[Launch]하는 기반시설의 핵심요소로서의 GNSS 지정에 대한 선택을 할 수도 있다.

7.4 이행 계획, 시험 및 교육[Implementation Planning, Testing and Training]

7.4.1 많은 체약국들은 이미 국가 수준의 RFI 영향(또는 충격)을 완화시키기 위한 프로세서를 시행하여 왔다. 이와 같은 상황에 부응하여 기타 체약국들은 자국의 능력을 향상시키기를 원할 수도 있다. 만약 다른 GNSS 이행 활동과 모든 관련 당사자와의 조정이 일치되어 수행될 경우 RFI 완화 과정과 능력은 과도한 자원 부담을 초례할 것으로는 예상되지 않는다. 기술 역량을 위해서는 어느 정도의 투가 필요한 동안에는 프로세서가 진행됨에 따라, 비상 계획 절차[Contingency Plans Procedures]를 점진적으로 업그레이드 함으로써, 시간에 지남에 따라 구축이 가능해야만 한다.

7.4.2 GNSS RFI 이벤트가 현재는 전 세계 대부분의 지역에서 상대적으로 흔하지 않기 때문에, 기술 운영요원[Technical and Operational Staff]은 이와 같은 이벤트에 대한 직접적인 경험이 부족할 수도 있다. 적절한 시험 및 훈련 활동은 특히, 필요할 때 신속하게 배치할 수 있는 대응 완화 조치[Reactive Mitigation Measures]를 보장해야만 한다.

7.5 Long-Term Spectrum Management Actions

7.5.1 GNSS 이중주파수[Dual-Frequency], 다중 위성군[Multi-Constellation ; DFMC] 기능이 도입될 경우엔, RFI의 견고성[Robustness]은 증가될 수도 있다. 그러나, 이것은 만약 전체적인 DFMC 기능 자체가 더 적은 규모의 기반 시설[Infrastructure]를 통해 더 많은 서비스를 얻기 위하여 최소 요건이 되지 않는 경우에만 해당된다. 즉, 다시 말해, 만약 원하는 운영이 단일 주파수(또는 단일 위성군) 구성을 통해 지원될 수 없는 경우, DFMC기능의 부분적인 중단은 결국 운영중단으로 이어질 수도 있다는 것을 의미한다.

7.5.2 미래 개발의 신중한 균형은 최대 GNSS 복원력[Resilience]이 얻어질 수 있도록 보장되어야만 한다. 이와 관련하여, 포함되어야 할 후속 조치는 다음과 같다:

a) 항공 분야[Aviation Sector] 내/외부의 시스템으로 부터의 성장 및 위협을 고려한 항공 관련 중요한 GNSS 주파수 대역에 대한 보호를 강화하는 것;
b) GNSS 장비가 RFI 이벤트를 감지할 수 있는지를 확인하는 것. 이상적으로, 본 정보는 조종사 또는 관제사의 상호 작용이 필요 없는 기술 서비스 제공 전문가에게 전송됨;
c) 가능한 한 향후 GNSS 수신기의 RFI복원력을 개선하는 것;
d) 다중대역[Multi-Band] 안테나가 대역 외[Out-of-Band] 및 비합법적인 대역 내 신호[In-Band Signals] 만큼 가능한 둔감하도록 보장하는 것;
e) 적절한 권한을 부여 받은 인력에 의해 식별을 용이하게 하기 위해 간섭원[Interference Sources]에 대한 데이터를 제공하는 데이터 베이스를 구축하는 것; 그리고
f) GNSS 수신기 RFI Mmsks(특히, L5 주파수대 관련) 관련 지침 자료를 갱신[Update]하는 것.

8. 점검 일지[Check Lists]

8.1 점검 일지의 목적은 위험 완화 상태에 대한 신속한 평가를 제공하기 위한 데 있다. 실제 환경에 따라, 많은 측면들이 항공 관제 외부 영역에 존재하기 때문에 언급되는 모든 항목에 대해 구현할 필요는 없을 수 있다. 그러나, 이러한 요인들은 항공 위험 평가에서 고려되어야만 한다.

8.2 예방 조치 점검 일지[Preventive Measure Checklist]

a) 교란장치[Jamming Device]를 소지하는 것은 불법이다;
b) 적절한 개인 위치 관련 개인 정보 보호 조항이 존재하며, SNSS 교란 기능 사용을 고려하기 위해 시민들에 대한 동기를 제거 ;
c) 시장조사 방법은 GNSS 적용 및 사용 시 관련 진화[Relevant Evolutions]를 감지하기 위해 준비되어 있다;
d) 국가 정책은 비항공 GNSS 기반 요금징수 시스템 또는 GNSS 교란으로 요금 회

피가 불가한 방법으로 시스템을 설계하는 유사한 수입원 제공자들을 보장한다;

e) 실외용 의사 위성[Pseudolites], 중계기[Repeaters] 또는 증폭기[Boosters] 등과 같은 RFI 위험성과 관련된 장치들은 주의 깊게 관리됨과 아울러 설치는 구제기준에 부합되게 측정된 후 개별적으로 확인된다;

f) 대응적 완화조치를 위한 합의[Agreements], 진행 과정[Processes] 및 장비 기능[Capabilities] 등을 포함한 완화 계획은 정기적으로, 시험 및 연습이 준비가 이루어진다; 그리고

g) RFI 완화 활동을 위한 접점은 필요에 따라, ANS 제공자들을 포함한 공항, 전기통신 규제기관들과 기타 조직 간에 설립된다.

8.3 대응 조치 관련 점검 일지[Reactive Measure Checklist]

a) 잠재적으로 필요한 감시기 작업[Monitoring Tasks]에 대해서는 측정 기능[Measurement Capabilities]이 존재한다;

b) 상응하는 위험 분석이 지원되는 공항에서는 공항 주변내 또는 인근 임계점[Critical Points]에서 RFI에 대한 감시기능이 수행된다;

c) RFI 발생 근원지에 대한 탐지[Detect] 및 위치 확인[Locate and Identify]을 위한 기능이 준비되어 있다;

d) RFI(법 집행)을 중지하기 위한 기능이 준비되어 있다;

e) 대체 항법 기능 및 운영 절차는 GNSS 지역 운영 중지를 안전하게 처리하도록 이용할 수 있다;

f) 만약 필요하다면, NOTAM을 발행하는 방법[Mechanisms]은 모든 관련 당사자들에 대해 명확하다;

g) 모든 관련 직원들은 적절하게 RFI 이벤트를 인식 및 처리할 수 있도록 교육을 받는다; 그리고

h) 학습된 교훈은 관련 항공 주파수 작업 그룹과 공유된다.

부록 F 관련 붙임 자료

위성항법시스템 무선주파수 간섭 관련 보고 자료 [Reporting of GNSS RFI]

Global Navigation Satellite System(GNSS) Manual

1. 소 개[Introduction]

본 첨부 파일 상에는 RFI로 인한 것으로 의심되는 GNSS 운영 중단 사례 보고에 대한 지침이 제시되어 있다. 일반적으로, GNSS 운영 중단 또는 이상 보고[Anomaly Reports]는 운영 중단이 발생된 체약국에 제출되어야만 한다. 본 첨부 파일의 Section 2 상에는 이와 같은 목적을 사용될 수 있는 두 가지 보고 양식이 수록되어 있으며, 또한 Section 3 상에는 국지 및 상호적으로, 변칙[Anomaly]적인 문제를 해결할 수 없는 관련 체약국 또는 체약국들에 대한 ICAO 비정상 사례에 대한 보고 지침[Guidance on Reporting]이 수록되어 있다.

2. 체약국들 관련 GNSS RFI 보고서 양식 사본[Example Forms for GNSS RFI Reporting to States]

본 부록의 Section 6에서 논의된 바와 같이 포괄적인 위협 장면을 편집함과 아울러 본 매뉴얼의 Section 7.12.4 상에서 기술된 대로 조정을 용이하게[Facilitate Coordination] 하기 위해, 체약국 또는 지역적 수준의 단일 기관[Single Entity]을 통해 수집된 모든 관련 출처로부터 보고 내용이 수집되었는지를 확인하는 것이 이상적일 수가 있다. 본 Section 상에는 두 가지 보고 양식 사본이 수록되어 있다. 이중에서, 한 양식은 ATS 종사자들이 사용하기 위한 자료이고, 나머지 한 양식은 항공기 조종사가 사용하기 위해 제작된 자료이다. 본 양식상에는 운영 중단 또는 변칙적[Anomaly] 보고 내용을 해결하는 데 도움이 될 수 있는 모든 정보들이 나열되어 있다. 본 사본 양식을 사용하는 것은 법에 정해진 필수사항[Mandatory]은 아니다: 체약국 또는 국제 조직은 GNSS 운영 중단 관련 보고서를 포괄적인[Generic] 양식을 갖춘 기존 안전보고 시스템[Existing Safety Reporting Systems]에 통합시키는 것이 더 이상적인 것으로 고려될 수도 있다.

항공교통서비스 종사자용 양식 사본[Example form for Use by ATS Personnel]

GNSS RFI REPORTING FORM FOR USE BY ATS PERSONNEL	
Originator of Report	
Organization	
Department	
Street Address	
Zip Code/City	
Name/Surname	
Phone No.	
E-Mail	
Date and Time of Report	
Description of Interference	
Affected GNSS Element	[ ] GPS [ ] GLONASS [ ] Other Constellation [ ] EGNOS [ ] WAAS [ ] Other SBAS [ ] GBAS(VHF Data-Link for GBAS)
Observability of the Interference	Interference was Noticeable: [ ] Only on Board Aircraft [ ] Only on Ground [ ] Both
Source of Initial Interference Report	[ ] Pilot [ ] Engineer/Technician [ ] Other
Degradation of GNSS Performance	[ ] Large Position Errors(Details): [ ] Loss of Integrity(RAIM Warning/Alert) [ ] Complete Outage [ ] Loss of Satellites in View(Details): [ ] Lateral Indicated Performance Level Changed from___ to ___ [ ] Vertical Indicated Performance Level Changed from ___ to ___ [ ] Indicated Dilution of Precision Changed from ___ to___ [ ] Information on PRN of Affected Satellites(If Applicable) [ ] Low Signal-to-Noise(Density) Ratio [ ] Other

GNSS RFI REPORTING FORM FOR USE BY ATS PERSONNEL	
In Case of Report by Pilot	
Airline Name	
Aircraft Type and Registration	
Flight Number	
Airway/Route Flown	
Coordinates of the First Point of Occurrence/Time(UTC)	UTC: ___ Lat: ___ Long: ___
Coordinates of the Last Point of Occurrence/Time(UTC)	UTC: ___ Lat: ___ Long: ___
Flight Level or Altitude at Which it was Detected	
Affected Ground Station (If Applicable, e.g. GBAS)	Name/Indicator: Lat: ___ Long: ___
In Case of Report by ATS Personnel	
Coordinates of the First Point of Occurrence/Time(UTC)	UTC: ___ Lat: ___ Long: ___
Coordinates of the Last Point of Occurrence/Time(UTC)	UTC: ___ Lat: ___ Long: ___
Affected Area	
Affected Flight Route	
Problem Duration:	Days, Hours, Minutes, Seconds ___________ [ ] Continuous [ ] Intermittent
Information on Presumed Source of Interference	
Presumed Location of Interference Source	Lat: ___ Long: ___ or Nearest City or Landmark:
Interfering Frequency (If Known)	
Signal Strength and Reference Bandwidth(If Known)	
Further Descriptions of the Interference Case	[ ] Spectrum Plot [ ] Map Other Material:

항공기 조종사용 양식 사본[Example form for Use by Pilots]

GNSS RFI REPORTING FORM FOR USE BY PILOTS	
Originator of Report	
Organization	
Department	
Street Address	
Zip-Code/City	
Name/Surname	
Phone No.	
E-Mail	
Date and Time of Report	
Description of Interference	
Affected GNSS Element	[ ] GPS [ ] GLONASS [ ] Other Constellation [ ] EGNOS [ ] WAAS [ ] Other SBAS [ ] GBAS(VHF Data-Link for GBAS)
Aircraft Type and Registration	
Flight Number	
Airway/Route Flown	
Coordinates of the First Point of Occurrence/Time(UTC)	UTC: ___ Lat: ___ Long: ___
Coordinates of the Last Point of Occurrence/Time(UTC)	UTC: ___ Lat: ___ Long: ___
Flight Level or Altitude at Which it was Detected	
Affected Ground Station (If Applicable, e.g. GBAS)	Name/Indicator:
Degradation of GNSS Performance	[ ] Large Position Errors(Details): [ ] Loss of Integrity(RAIM Warning/Alert) [ ] Complete Outage [ ] Loss of Satellites in View(Details): [ ] Lateral Indicated Performance Level Changed from ___ to ___ [ ] Vertical Indicated Performance Level Changed from ___ to ___ [ ] Indicated Dilution of Precision Changed from ___ to ___

GNSS RFI REPORTING FORM FOR USE BY PILOTS	
	[ ] Information on PRN of Affected Satellites (If Applicable) [ ] Low Signal-to-Noise(Density) Ratio [ ] Other
Problem Duration	[ ] Continuous [ ] Intermittent

3. 국제민간항공기구 관련 위성항법시스템 무선전파 간섭 보고서 지침[Guidance on GNSS RFI Reporting to ICAO]

3.1 ICAO의 GNSS RF 관련 보고 자료가 개별적인 한 체약국에 한해서만 식별된 보고 요건[Reporting Requirements Identified]을 대체되는 것은 아니다. 국제전기연합[International Telecommunication Union : ITU] 무선 규정 제15조에 명시된 간섭 조항을 처리하기 위한 모든 적절한 조치의 적용을 포함한 일상적인 절차를 통해 국가적으로 또는 국제적으로 해결될 수 없는 국경을 초월해 영향을 미치는 사례 보고에 한정되어야만 할 것이다.

3.2 이 같은 경우, ICAO와 ITU간의 협력각서[Memorandum of Cooperation(MOC)]의 조항이 적용된다. 본 MOC상에는 국제민간항공 안전에 잠재적인 영향을 미치는 유해한 간섭과 관련된 문제에 있어, ICAO와 ITU간의 협력을 강화하기 위한 체계[Framework]가 설립[Establishes]된다. 한편 이와 관련된 후속 협력 절차는 MOC 상에 정의되어 있다:

a) ICAO에서는 국제민간항공에서 사용하는 GNSS와 관련된 유해한 간섭 사례를 ICAO로 보고하게 될 ICAO회원국과 관련 항공이해관계자를 통해 본 과정을 시행[Institute a Process]하게 될 것이다;

b) ICAO에서는 항공항법과 관련된 안전성을 포함한 규칙성[Regularity] 및 효율성[Efficiency]에 미치는 영향에 대한 간섭 보고자료를 신속히 분석하는 업무를 수행할 것이다;

c) 국제적인 범위로 항공항행에 중요한 영향이 미치는 것으로 결정되는 분석이 발생될 경우, ICAO에서는 본 분석 결과 보고 자료를 지체없이 ITU로 전송하게 될 것이다;

d) ITU에서는 ITU 무선 규정[Radio Regulations] 제15조에 따라, 간섭 문제를 신

속한 해결을 보장하도록 행정부의 지원이 제공될 때, ICAO로부터 접수된 정보를 충분하고 적절하게 고려하여 처리하게 될 것이다;

e) ICAO에서는 만약 ITU가 문제해결을 위해 지원이 필요하다고 요구할 경우에는 ITU가 이용할 수 있는 항공전문기술을 지원하게 될 것이다;

f) ITU에서는 ICAO를 통해 식별된 GNSS에 대한 유해한 간섭과 관련된 Section Ⅵ에 수록된 ITU 무선 규정 제15조의 절차 조항에 따라, 적용 진행 사항을 ICAO에 지속적으로 통보하게 될 것이다. 그리고

g) 또한 ITU에서는 간섭 사고가 해결될 것으로 간주되는 즉시 ICAO로 통보하게 될 것이다.

3.3 ICAO에 GNSS 간섭 사례를 보고할 때에는 다음과 같은 세부정보를 제공할 수가 있다:

a) 보고서 발신자[Originator of Report]: 발신체약국[Originating State], 조직[Organization], 주소[Address];

b) 간섭 관련 설명[Description of Interference]:

1) 가상[Affected] GNSS Service[GNSS 위성군(Constellation), SBAS, GBAS];

2) 간섭 관련 가능성[Observability of the Interference] [간섭이 인식될 수 있는 경우는 오직 항공기 상에서(Only on Board Aircraft), 오직 지상에서(Only on Ground), 이상 두 가지 모든 경우(Both)];

3) GNSS 성능 저하[커다란 위치정보 오류(Large Position Errors), 무결성 손실(Loss of Integrity), 단일/다중 인공위성 시야 확보 손실(Loss of Single/Multiple Satellites in View)];

4) 문제 발생 지속(Problem Duration) [지속 시간(Duration Time), 연속적/간헐적 영향(Continuous/Intermittent Impact)];

5) 영향이 미친 지역(Affected Area)[국지적/광활한 지역(Local/Widespread)];

6) 운영 관련 영향(Operational Impact)[항법신호 손실(Loss of Navigation), 항법절차 변경 필요 시(Need to Change the Navigation Procedure)];

7) 추정된 간섭 신호 발생 근원지 관련 정보[Information on Presumed Source of Interference]:

i) 간섭 신호 발생 근원지가 국내임을 배제하기 위해 취한 조치[Actions Taken to Rule Out That the Interference Source is Domestic];

ii) 추정되는 간섭신호 발생 근원 지역/체약국[Presumed Location of Interference Source/State];

iii) 간섭 주파수[Interfering Frequency];

iv) 간섭 신호 관련 강도 및 기준 대역폭[Interference Signal Strength and Reference Bandwidth];

v) 추정 가능한 원인[Presumed Possible Causes];

c) 간섭을 완화시키기 위한 조치[Actions Taken to Mitigate the Interference];

d) ITU 무선 규정[Radio Regulations[관련 제9조에 규정된 보고 양식을 갖춘 제15조에서 예측한 바와 같이 ITU에 제출된 부정[Irregularity] 또는 법규 위반[Infringement] 보고서; 그리고

e) 첨부 자료(Attachments)[스펙트럼 표시도면(Spectrum Plot), 지도(Map), 기록항목(Log Entries), 기록된 위성항법시스템 데이터(Recorded GNSS Data)].

부록 G

인공위성 기반 보정시스템 연속성 계산 방법론 [SBAS Continuity Computation Method]

1. 국제민간항공 부속석 10 관련 수직 유도접근절차 및 CAT-Ⅰ연속성 요건 [Approach Procedure with Vertical Guidances : APV] 및 [CAT-Ⅰ Continuity Requirements] in ANNEX 10

Annex 10, Volume I, 첩부 D, 3.4.1 상에서는 "시스템의 서비스 연속성[Continuity of Service of a System]은 의도된 운영기간 동안 계획되지 않은 운영이 중단[Unscheduled Interruptions]됨이 없이 자체 기능을 수행하기 위한 시스템의 능력[Capability of the System to Perform its Function]을 의미한다"라고 선언[States]하고 있다. Annex 10, Volume I, Table 3.7.2.4.-1 상에는 For APV-I 및 Category I 관련 연속성 요건(기준)인 "$1-8\times10^{-6}$ per 15s"을 명시하고 있다.

2. 위성 기반 보정시스템 관련 수직 유도접근절차 및 CAT-Ⅰ연속성 계산 방법론[Method of Computing SBAS APV-I and CAT-Ⅰ Continuity]

2.1 서로 다른 SBAS를 통해 도출된 연속성 성능 수준[Level of Continuity Performance]은 연속성 계산 방법론[Continuity Computation Method]을 적용함으로써 결정된다. 이러한 여러 가지 방법들이 존재하며, 서로 다른 SBAS 서비스 제공자에 의해 사용된 방법론들 중 간의 조화 관련 필요성은 인식이 되어 왔다. 따라서, 본 부록 상에서는 SBAS 관련 상호운용성 작업 그룹[Interoperability Working Group : IWG]을 통해 동의가 이루어진 SBAS APV-I 및 Category I 연속성 관련 계산 방법론이 기술되어 있다.

2.2 본 Section상에 기술된 연속성 계산 방법론 상에는 다중 지구 정지궤도 인공위성[Dual GEO Satellites], NOTAM이 발행되는 동안 예측 가능한 운영중지를 무시하는 공간상의 신호[Signal-in-Space : SIS] 등 사용을 고려하는 슬라이딩 윈도

우[Sliding Window]를 적용하고 있다.

2.3 본 방법론을 통해 주어진 시간 간격 동안의 연속성은 다음과 같은 경우 연속성 위험에 1을 감하여 계산된다:

a) 연속성 위험은 연속성 이벤트의 수와 시간 간격 내에서 사용 가능한 샘플의 총 수 간의 비율로 정의되어 있다;

b) 연속성의 수는 Paragraph 2.3.1에 정의되어 있다; 그리고

c) 이용 가능한 샘플의 총 수는 Paragraph 2.3.2.에 정의되어 있다.

2.3.1 연속성 이벤트의 수

2.3.1.1 주어진 시대 동안, 단일 연속성 이벤트는 다음과 같은 경우에 발생하도록 정의된다.

a) 서비스는 동 시대에 이용이 가능하다; 그리고

b) 예를 들어, 신호가 4초 이상 또는 1초 이상 경보한계치인 보호 한계치를 초과하는 동안 15초 중 적어도 하나는 이용할 수 없게 된다. 만약 주어진 시대에 시스템이 이용될 수 없다면 다음 15초 동안 발생되는 운영 정지는 연속성의 이벤트로 계산되지는 않는다.

2.3.1.2 본 방법론은 16초 슬라이딩 윈도우를 사용하는 서비스의 가용성을 평가하여 연속성 이벤트의 수를 계산한다. 연속성이 평가되는 시대[Epoch]는 윈도우의 첫 번째 시간(초)와 일치된다. 본 서비스 가용성을 시험하는 시간 간격은 다음 15초에 해당이 된다. 연속적인 시대[Successive Epochs]에서의 연속성은 1초 단위로 오른쪽으로 윈도우를 슬라이딩[Sliding the Window]시킴으로써 평가된다.

2.3.1.3 본 방법론에 대한 적용 사례는 Figure G-1에 도시되어 있다. 본 그림에서는 12초 간격으로 발생되는(경보 한계치[3])를 초과하는 보호레벨에 기인하는) 두 가지 서비스 중단 상황을 보여주고 있다. 슬라이딩 윈도우가 첫 번째 간격을 통과함으로써, 12개의 연속성 이벤트가 발생될 것이다.

2.3.1.4 기타 사례[Other Examples]:

a) 단일 격리 운영 중단[Single Isolated Outage] 과정에서는 자체 지속 시간

3) 그림의 "xPL>xAL; 사용할 수 없음"이라는 캡션은 두 번의 운영 중단 동안 수직 보호 한계치(VPL) 또는 수평 보호 제한(HPL)이 해당 경고 한계치(VAL 또는 HAL)을 초과하여 서비스를 사용할 수 있다는 사실에 대해 언급하고 있다.

에 관계없이 15개의 연속성 이벤트를 생성하게 될 것이다;

b) 두 번의 개별 운영중단[Two Separate Outages] 과정에서 1초 단위의 분리 간격 또는 다소 작은 30과 동일한 수를 더하여 15와 동일 연속성 이벤트를 생성하게 될 것이다; 그리고

c) 15초 간격으로 나타나는 각각 1초간의 지속시간을 갖는 6번의 운영 중단은 만약 15번의 운영중단이 연속되는 경우[If the Six Outages are Contiguous]의 15번부터 만약 6번의 운영 중단이 나타나지 않는 경우[If the Six Outages are Non-Contiguous]의 24번 범위까지의 연속성 이벤트 수[Number of Continuity Events]를 발생시키게 될 것이다; 첫 번째 운영 중단은 15초 간격의 첫 번째 초[First Second]에서 발생되며, 마지막 운영 중단은 간격의 마지막 초[Last Second]에서 발생된다.

Figure G-1. Example of Application of the SBAS Continuity Method

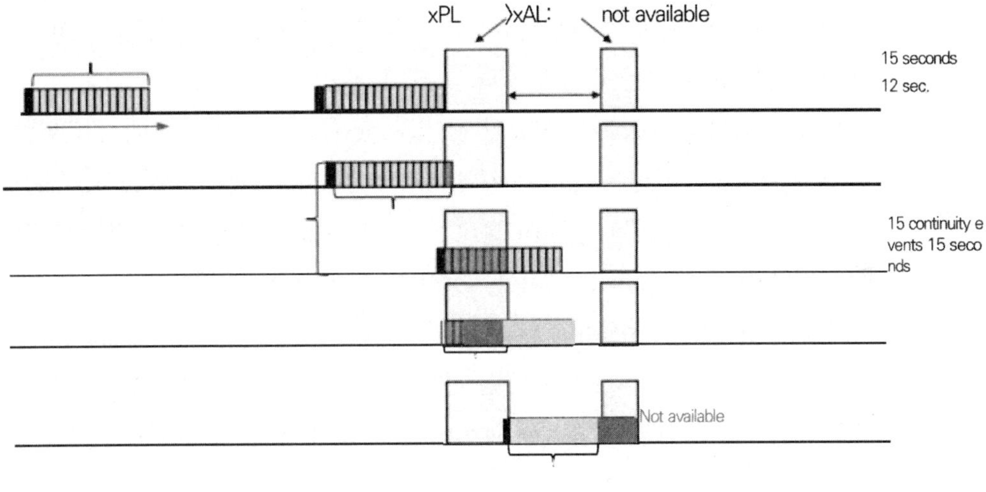

2.3.2 사용 가능한 총 샘플 수[Total Number of Available Samples]

본 샘플은 유효한 보호 수준이 경고 한계치 보다 낮은 값으로 계산될 수 있을 경우에는 사용 가능한 것으로 간주된다. 그러므로, 측정 기간 동안 사용할 수 있는 총 샘플 수는 해당 기간 동안 가용성4)을 곱한 초[Seconds Multiplied] 기간의

4) Annex 10 Volume 부록 D.3.5.1은 "GNSS의 가용성은 신뢰할 수 있는 항법 정보가 항공기 비행을

지속 시간과 동일하다. 예를 들어 1년 기간 동안 진행되었던 측정을 고려할 때, APV-Ⅰ의 가용성은 99%이었으며, 샘플의 총 수는 31,220,640seconds (365x86,400x0.99)로 나타났다.

2.4 연속성 측정을 위한 이중 정지 지구궤도 위성 공간상의 신호 사용법[Use of dual GEO Satellites SIS for Continuity Measurement]

2.4.1 Annex 10, Volume I, 첨부 D, 3.2.9에서와 같이 변경 사항 1과 함께 RTCA DO-229D를 준수하는 모든 수신기들은 사용 가능한 경우 최소 2대의 위성기반 보정시스템 정지 지구궤도 위성[SBAS GEO Satellites]을 추적하여 그 중 한 대의 위성으로부터 위치 정보 신호를 수신하여 사용할 것으로 예상된다. 수신기 구현[Receiver Implementations]은 사용 가능한 GEO 인공위성 간의 순간적인 수신기 전환에 기반하여 서비스 연속성을 보장한다. 이용 가능한 이중 GEO 인공위성을 통한 공간상에서의 신호[SIS] 사용은 계산 방법론[Computation Method]을 통해 고려된다. 본 방법론에서 고려되는 두 대의 정지궤도인공위성[GEO] 간의 전환이 필요한 이유는 다음과 같다 :

a) 수신 또는 송신국[Uplink Stations] 전환[Switchovers] 문제로 인해 인공위성 중 어느 한 대로부터 연속적으로 4개의 메시지 전달이 실패된 경우; 그리고/또는

b) 메시지 유형 0을 수신한 경우[Reception of Message Type 0]로써 생명 안전 서비스가 손실[Loss of Safety-of-Life Service]된 경우

2.4.2 보호 수준[Protection Level]이 해당 경고 수준[Corresponding Alert Level]을 초과할 때 전환[Switching] 되는 것은 변경 1을 포함하는 RTCA DO-229D에서 본 기능은 요구 상항이 아니기 때문에 본 방법론에서는 고려되지 않는다.

2.5 예측 가능한 운영 중단 요인 제거[Removal of Predictable Outages]

2.5.1 NOTAM 서비스는 특정 지역에 영향을 주는 예측 가능한 운영 중지(15분 이상 중지가 지속되는 경우) 상황을 항공 사용자들에게 알리는 데 사용될 수 있다.

관리하는 승무원, 자동조종장치 또는 기타 시스템에 제공되는 동안 시스템이 항법에 사용되는 시간의 일부로 특징 지어진다"고 명시하고 있다. APV-1 및 CAT-1, Annex 10, Volume 1, Table 3.7.2.4-1의 경우 운영 필요에 따라 0.99~0.99999 범위의 가용성 요건을 충족한다. 주어진 기간 동안 가용성은 누적된 운영 중단 기간 동안과 관련이 있는 반면, 연속성은 운영 중단 횟수와 관련이 있다.

NOTAM은 Annex 15 및 PANS-ATM(Doc 4444)에 의해 요구된 절차에 따라 발행된다.

2.5.2 Annex 10, Volume I, 첨부 D, 9.3에 따라 72시간 전에 발행된 NOTAM 관련 운영 중지 결과는 연속성 이벤트 수 계산[Computation of the Number of Continuity Events] 측면에서는 배제[Removed]될 수 있다. 마찬가지로, NOTAM 발행기간 동안에 사용할 수 있는 샘플은 사용 가능한 샘플의 총 수에서 배제[Removed] 되어야만 할 것이다. 이와 같이 (배제되는 샘플들은) NOTAM이 발행된 특정지역(예를 들어, 특정 공항)에 대한 연속성 계산에 적용[Apply to the Computation of Continuity]된다.

2.5.3 예를 들어 "SBAS 서비스 사용이 불가할 수 있음"이라는 NOTAM의 경고 유형을 제외하고 운영에 영향을 미칠 수 있는 NOTAM만이 연속성에서 고려되어야만 할 것이다.

2.6 연속성 측정 기간[Continuity Measurement Period]

연속성은 측정하는 기간[Duration of the Period to Measure Continuity]은 허용 가능한 연속성 이벤트 빈도[Acceptable Frequency of Continuity Events]와 비례[Commensurate] 되어야만 한다. 연속성 위험 요건[Continuity Risk Requirement]이 $8 x 10^{-6}$라는 것은 22일에 한번 정도로 운영 중지될 수 있다는 것과 동일한 의미를 갖는다. 예를 들어, 수 개월 또는 수 년에 걸쳐 수집된 연속성 이벤트와 같은 과거 데이터[Historical Data]들은 보다 많은 대표성[Representative]과 신뢰할 수 있는 결과를 얻는데 사용되어져야만 할 것이다.

번역자

김완현

사단법인 한국재난안전정책개발연구원
항행안전연구소장, 항공경영학박사

감수자

이희석

국토교통부 비행점검센터
수석 비행검사관